中等职业教育“十一五”规划教材

中职中专机电类教材系列

加工中心编程与操作

刘加孝 主 编

高 星 副主编

科学出版社

北 京

内 容 简 介

本书的主要内容包括数控铣床/加工中心概述、基本编程思路、基本指令、刀具半径补偿功能、子程序、型腔的编程方法与技巧、孔加工指令、简化编程指令、刀具长度补偿功能、宏程序基本知识等10个方面的基本理论知识，以及入门基本操作、程序录入、编辑与模拟、工装与对刀、平面铣削、外形铣削、型腔铣削、孔系加工、CAM加工、综合加工等9个方面的实践技能项目。本书的所有加工程序都通过了加工中心的实际运行。

本书可供中等职业技术学校、技工学校机械类相关专业使用，也可供从事数控加工中心（铣床）操作和编程的技术人员参考。

图书在版编目(CIP)数据

加工中心编程与操作/刘加孝主编. —北京：科学出版社，2008
（中等职业教育“十一五”规划教材·中职中专机电类教材系列）
ISBN 978-7-03-022601-3

Ⅰ.加… Ⅱ.刘… Ⅲ.①加工中心–程序设计–专业学校–教材②加工中心–操作–专业学校–教材 Ⅳ. TG659

中国版本图书馆CIP数据核字（2008）第112703号

责任编辑：庞海龙 / 责任校对：耿 耘
责任印制：吕春珉 / 封面设计：耕者设计工作室

科学出版社出版
北京东黄城根北街16号
邮政编码：100717
http://www.sciencep.com
铭浩彩色印装有限公司印刷
科学出版社发行 各地新华书店经销
*
2008年8月第 一 版 开本：787×1092 1/16
2016年1月第四次印刷 印张：14
字数：332 000

定价：28.00元

（如有印装质量问题，我社负责调换〈路通〉）
销售部电话 010-62134988 编辑部电话 010-62135763-8999（VT03）

前　言

数控加工中心（铣床）是现代机械制造系统的重要组成设备，是CAD/CAM、FMS、CIMS等高新技术的基础单元。它的高效率、高精度和高质量的特点，决定了该设备的应用日益广泛，因而势必需求大批机床编程与操作人员，本书正是适应这一需要而编写的。

本书是编者对多年从事数控加工中心（铣床）编程与操作教学与培训经验的总结，注重实践环节，兼顾必需的理论知识，旨在培养既能操作数控加工中心（铣床）又懂得编程的实用型人才。理论部分突出实用和够用，操作部分突出操作技能基本训练。书中加工程序具有较强的通用性和技巧性。

在编程过程中参考了相关资料，在此向这些资料的作者表示衷心感谢。

由于编者水平有限，书中难免存在一些不足，恳请读者批评指正。

目　　录

第1篇　理论部分

第2篇 实践部分

第1篇
理论部分

1

数控铣床/加工中心概述

教学目标

1. 了解数控机床的相关概念、组成、分类
2. 掌握数控系统的主要功能
3. 懂得编程的基本概念
4. 掌握数控铣床/加工中心的坐标系及其判别方法、工艺特点

1.1 数控技术基本知识

1.1.1 数控技术的基本概念

1. 数控技术

数控技术（numerical control technology）是指用数字化的信息对某一对象进行控制的技术。控制的对象可以是位移、角度及速度等机械量，也可以是温度、压力、流量及颜色等物理量，这些量的大小不仅是可以测量的，而且可以经 A/D 或 D/A（模/数或数/模）转换，用数字信号来表示。数控技术是近来发展起来的一种自动控制技术，是机械加工现代化的重要基础与关键技术。

2. 数控机床

把数控技术应用在机械加工机床上，即采用数字化信息对机床的运动及其加工过程进行控制的机床，称为数控机床（numerically controlled machine tool）。

数控机床将零件加工过程所需要的各种操作和步骤以及刀具与工件之间的相对位

移量都用数字化的代码来表示，由编程人员编制成规定的加工程序，通过输入介质输入到控制系统内，由控制系统处理并发出各种指令来控制机床的动作，使机床自动地加工出所需要的零件。

3. 数控加工

数控加工（numerical control manufacturing）是指采用数字信息对零件加工过程进行定义，并控制数控机床进行自动运行的一种自动化加工方法。数控加工是一种具有高效率、高精度与高柔性等特点的自动化加工方法，可有效解决复杂、精密、小批量、多变零件的加工问题，充分适应现代化的生产，数控加工必须由数控机床来实现。加工过程如图 1.1 所示。

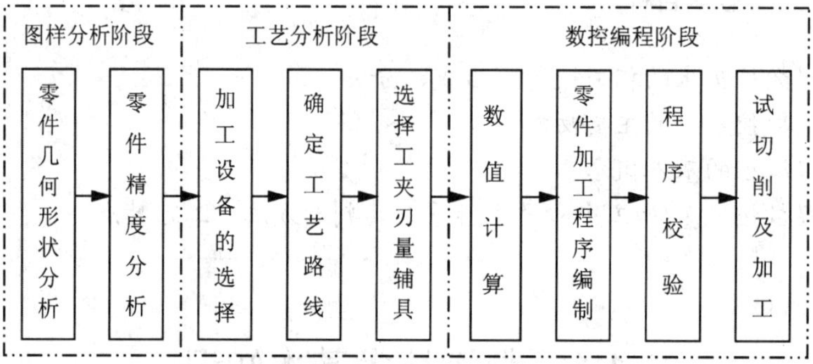

图 1.1　数控加工过程

1.1.2　数控机床的组成

数控机床由输入/输出设备、计算机数控装置、伺服系统、机床本体和其他装置等组成，如图 1.2 所示。

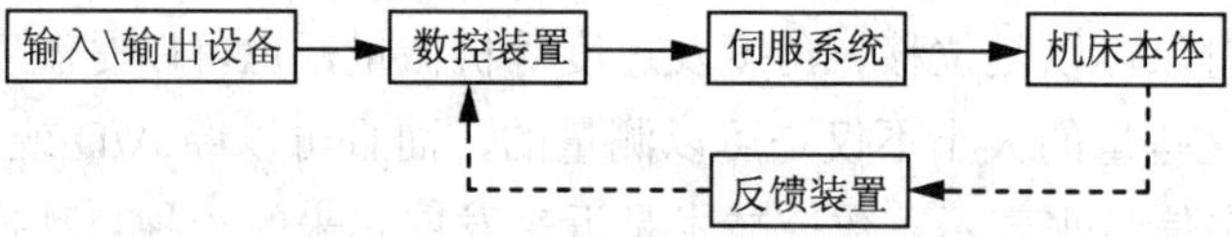

图 1.2　数控机床的组成

1. 输入/输出设备

输入/输出设备主要实现编辑程序、输入程序、输入数据以及显示、存储及打印等功能，常用的输入/输出设备包括：键盘、纸带阅读机、磁带或磁盘驱动器、RS232C 串行通信口、网卡、电子管显示器和液晶显示器等，高级的数控机床还配有一套自动编程机或 CAD/CAM 系统。

2. 计算机数控装置

早期的数控装置基本上都属于硬件数控（NC），它是用固化的数字逻辑电路处理数字信息，硬件数控常用 NC 来表示。

随着计算机的发展，人们采用计算机来替代硬件数控。它是由事先存放在存储器里的系统程序（软件）来实现控制，并能通过接口与外围设备进行连接，这就是计算机数控（computer numerical control，CNC）。装备有 CNC 系统的机床一般称为 CNC 机床。采用微处理器或专用微机的数控系统也可称为微机数控系统（microcomputer numerical control，MNC）。现在数控系统的主流是微机数控系统。

数控装置是数控机床的核心，它接受输入设备的数字信息，经过数控装置的控制软件和逻辑电路进行译码、运算和逻辑处理后，将各种指令信息输出给伺服系统，使设备按规定的动作执行。

3. 伺服系统

伺服系统是数控机床的执行部分，其作用是把来自 CNC 装置的脉冲信号转换成机床的运动，从而加工出符合图样要求的零件。伺服系统一般包括驱动系统和执行机构两大部分。常见的驱动系统有脉冲宽度调制系统、晶体管调速系统和功率放大器。常用的执行机构有步进电动机、直流伺服电动机、交流伺服电动机等。

伺服系统的精度及动态响应决定了数控机床加工零件的表面质量和生产率，整个数控机床的性能主要取决于伺服系统。每一个脉冲信号使机床移动部件产生的位移量称做脉冲当量，常用的脉冲当量为 0.001mm/脉冲。

4. 机床本体

机床本体是数控机床的主体，用于完成各种切削加工的机械部分。主要包括主运动部件（如主轴）、进给运动部件（如工作台，刀架）、支承部件（如底座、床身、立柱），还包括冷却、润滑、转位部件，如夹紧、换刀机械手等辅助装置。

5. 检测反馈装置

检测反馈装置的作用是对机床的实际运动速度、方向、位移量以及加工状态加以检测，把检测结果转化为电信号反馈给数控装置。通过比较，计算出实际位置与指令位置之间的偏差，如有误差，数控装置将向伺服系统发出新的修正命令，并如此反复进行，直到消除其误差。

测量反馈系统可分为半闭环和闭环两种系统，常用检测元件包括光栅尺、圆光栅、磁栅尺、圆磁栅、光电编码器、旋转变压器、测速发电机等。另有不带检测反馈装置的系统，称为开环系统。

数控铣床的主要结构如图 1.3 所示。加工中心的主要结构如图 1.4 所示。

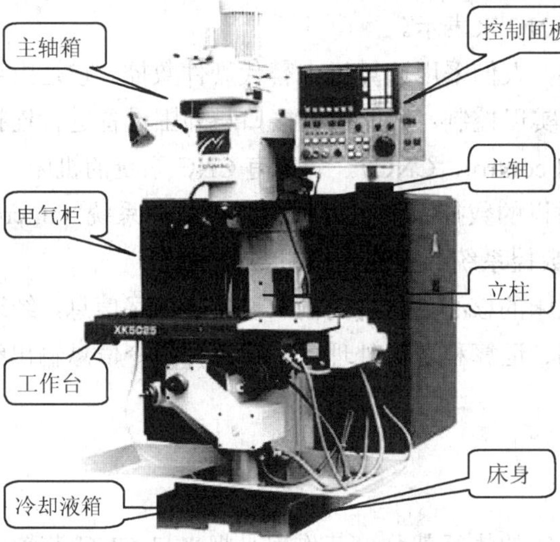

图 1.3　立式数控铣床

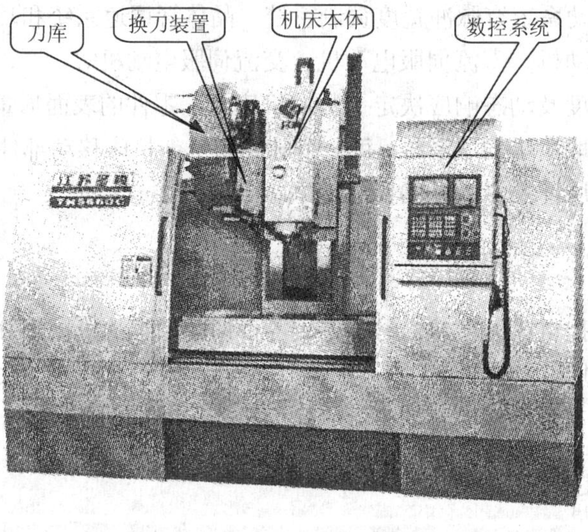

图 1.4　立式加工中心

1.1.3　数控机床的种类

数控机床的分类方法很多，根据数控机床的各种特点，可以大致从加工工艺、运动控制方式、伺服控制方式和系统功能水平等几个方面进行分类。

1. 按工艺用途分类

（1）金属切削类数控机床

金属切削类数控机床包括数控车床、数控钻床、数控铣床、数控磨床、数控镗床以及加工中心。加工中心（machining center，MC），也称为可自动换刀的数控机床，这类数控机床都带有一个刀库，刀库可容纳16～100把刀具。它是集铣（车）、堂、钻、扩、铰、攻丝等多种加工功能于一体的数控加工机床，其特点是工序高度集中，即工件经一次装夹后，可进行多个工序的加工。为进一步提高生产率，有的加工中心使用双工作台，一面加工，另一面可进行工件的装卸，工作台可自动交换。

（2）金属成型类数控机床

金属成型类数控机床包括数控折弯机、数控组合冲床、数控弯管机及数控压力机等。这类机床起步晚，但目前发展很快。

（3）数控特种加工机床

数控特种加工机床包括如数控线切割机床、数控电火花加工机床、数控火焰切割机床及数控激光切割机床等。

（4）其他类型的数控机床

其他类型的数控机床包括数控三坐标测量仪、数控对刀仪及数控绘图仪等。

2. 按运动控制方式分类

（1）点位控制数控机床

点位控制机床的特点是刀具相对于工件移动过程中，不进行切削加工，它对运动的轨迹没有严格的要求，只要实现从一点坐标到另一点坐标位置的准确移动，几个坐标轴之间没有任何联系，如数控钻床、数控冲床、数控镗床及数控点焊机等。

（2）直线控制数控机床

直线控制数控机床的特点是刀具相对于工件的运动不仅要控制两点之间的准确定位，还要保证两点之间移动的轨迹与机床坐标轴平行，而且对移动的速度也要进行控制，现在单纯用于直线控制的数控机床已不多见，如比较简单的数控车床、数控铣床及数控磨床等。

（3）轮廓控制数控机床

轮廓控制又称连续轨迹控制，其特点是能对两个或两个以上的坐标轴进行严格的连续控制，不仅要控制起点和终点位置，而且要控制两点之间每一点的位置和速度，可加工出任意形状的曲线或曲面组成的复杂零件，如数控车床、数控铣床及加工中心等。

3. 按控制方式分类

（1）开环控制数控系统

开环控制系统是指不带反馈的控制系统，即系统没有位置反馈元件，通常用功率步进电机或电液伺服电机作为执行机构。

开环控制系统具有结构简单、系统稳定、容易调试、成本低等优点。但是对移动部件的误差没有补偿和校正，所以精度低，一般适用于经济型数控机床和旧机床数控化改造，如图 1.5 所示。

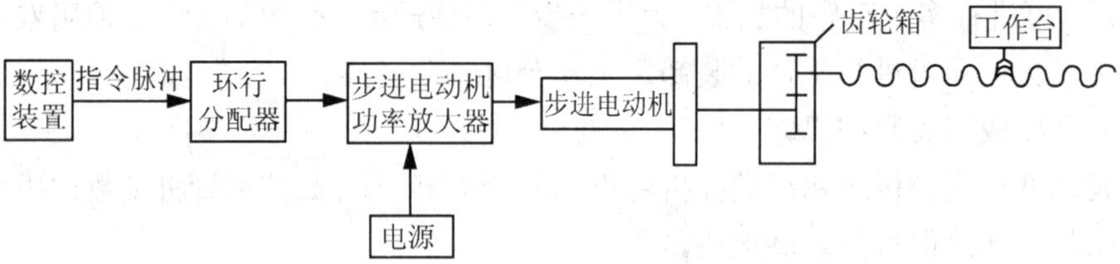

图 1.5　开环控制系统

（2）闭环控制数控系统

闭环数控系统是在机床移动部件上直接装有位置检测装置，将测量结果直接反馈到数控装置中，把实际值与指令值进行比较，用偏差进行控制，使移动部件按照实际的要求运动，最终实现精确定位。该系统可以消除包括工作台传动链在内的运动误差，因而定位精度高、调节速度快。但闭环伺服系统复杂且成本高，故适用于精度要求很高的数控机床，如精密数控镗铣床、超精密数控车床等，如图 1.6 所示。

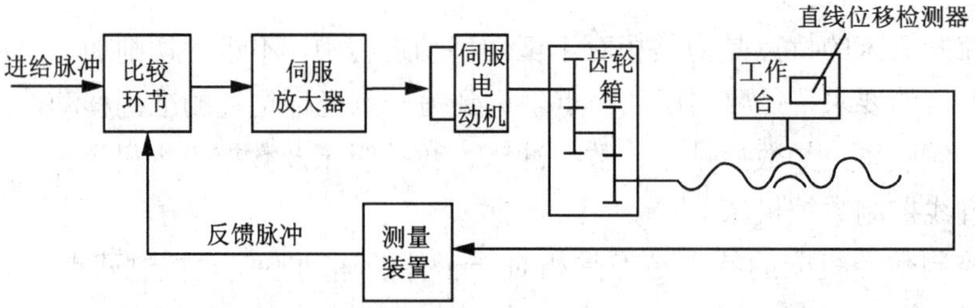

图 1.6　闭环控制系统

（3）半闭环控制数控系统

为了减少成本，获得稳定的控制特性，在丝杆上装有角位移测量装置（如感应同步器、光电编码器等），从而间接计算出移动部件的位移，然后反馈到数控系统中，由于机械传动不包括在检测范围之内，因而称作半闭环控制系统。半闭环控制数控系统机械传动环节的误差，可用补偿的方法消除，因此仍可获得满意的精度。中档数控机床广泛采用半闭环数控系统，如图 1.7 所示。

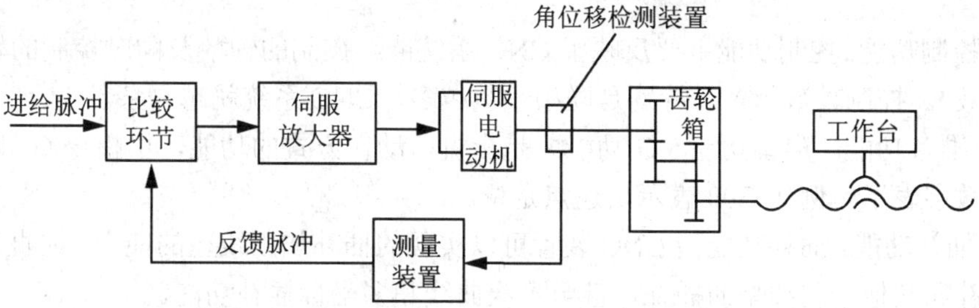

图 1.7 半闭环控制系统

4. 按数控系统功能水平分类

按数控系统的功能水平不同，数控机床可分为低、中、高三档。这种分类方式，在我国广泛使用。低、中、高档的界限是相对的，不同时期的划分标准有所不同。就目前的发展水平来看，大体可以从表 1.1 区分。

表1.1 数控系统的分类

项 目	高 档	中 档	低 档
脉冲当量/mm	0.0001	0.001	0.01
进给速度/（m/min）	15～100	15～24	8～15
位置控制	直、交流伺服电动机闭环、半闭环		步进电动机，开环
联动轴数	3～5 轴以上		2～3 轴
通信功能	RS232C 接口 MAP 通信接口 联网功能	RS232C 接口 DNC 接口	一般无
显示功能	除中档功能外，还有三维图形	CRT 功能齐全字符图形，人机对话，自诊断	数码管，液晶或简单的 CRT
内装 PLC	有，功能更强，有轴控制扩展功能	有	无
主 CPU	由 16 位到 32 位及 64 位过渡，并选用具有精简指令集的 RISC，和复杂指令集 CISC 的中央处理单元		8 位

1.1.4 数控系统的主要功能

数控系统是数字控制系统的简称，由数控装置、伺服系统和反馈系统组成。它是数控机床的核心。主要包括控制功能、编程功能和通讯功能。这些功能在不同档次的数控系统中，又分为基本功能和选择功能。

1. 基本功能

1)控制功能。控制功能主要反映了 CNC 系统能够控制的轴数及同时控制的轴数(即联动轴数)。控制轴数越多,特别是联动轴数越多,CNC 系统就越复杂。

2)准备功能。准备功能(G 功能)是指机床动作方式的功能,由指令 G 和它后面的两位数字表示。例如 G00 表示快速点定位。

3)插补功能。插补功能指 CNC 装置可以实现的插补加工线型的能力。如直线插补、圆弧插补和其他一些线型的插补,甚至多次曲线和多坐标插补功能。

4)进给功能。进给功能包括切削进给、同步进给、快速进给、进给倍率等。它反映刀具进给速度,一般用 F 代码直接指定各轴的进给速度,最大进给速度反映了 CNC 系统速度的大小。例如 F100 表示进给量为 100mm/min。

5)刀具功能。刀具功能用来选择刀具。用 T 代码和它后面的 2 位数字表示。例如,T12 表示第 12 号刀具。

6)主轴功能。主轴功能是指定主轴速度的功能,用 S 代码指定,包括指定主轴的转速和转向。例如,S800 表示 800r/min。M03 表示正转,M04 表示反转,M05 表示停转。

7)辅助功能。辅助功能也称 M 功能。用来规定主轴的启停和转向、冷却液的接通和断开、刀具的更换、工件的夹紧和松开等。

8)字符显示功能。CNC 系统可通过软件和接口在 CRT 显示器上实现字符显示,如显示程序、参数、各种补偿量、坐标位置和故障信息等。

9)自诊断功能。CNC 系统有各种诊断程序,可以防止故障的发生和扩大。在故障出现后可迅速查明故障的类型和部位,减少因故障引起的停机时间。

10)补偿功能。CNC 系统具备补偿功能,对加工过程中由于刀具磨损或更换而造成的误差,以及机械传动的丝杠螺距误差和反向间隙引起的加工误差等给予补偿。CNC 系统的存储器中存放着刀具或半径的相应补偿量,加工时按补偿量重新计算刀具的运动轨迹和坐标尺寸,从而加工出符合要求的零件。

11)固定循环功能。该功能是指 CNC 装置为常见的加工工艺编制的,可以多次循环加工的约定功能。用数控机床加工零件时,一些典型的加工工序,如钻孔、攻丝、镗孔、深孔钻削等,所完成的动作循环十分典型,将这些典型动作预先编好程序并存在存储器中,用 G 代码进行指定。

12)代码转换。代码转换包括 ISO/EIA 代码转换、公制/英制转换、绝对值/相对值转换等。

2. 选择功能

选择功能包括①图形显示功能;②与外部设备的联网与通信功能;③人机对话编程功能。

1.2 数控编程的基本概念及坐标系

1.2.1 数控编程的方法

数控机床所使用的程序是按一定的格式并以代码的形式编制的，即一般称为“加工程序”。目前零件的加工程序编制方法主要有两种。

1. 手工编程

手工编程是从零件图样分析、工艺处理、数值计算、编写程序清单、输入程序直至程序校验等各个步骤均由人工完成的编程方法。该方式比较简单，容易掌握。适用于中等复杂程度、计算量不大的零件编程，对机床操作人员来讲必须掌握。

手工编程目前仍是广泛采用的编程方式，即使在自动编程高速发展的今天，手工编程的重要地位也不可取代，它是自动编程的基础。在先进的自动编程方法中，许多重要的经验都来源于手工编程，并且不断丰富和推动自动编程的发展。对刚刚踏入数控加工领域的操作者，应以掌握手工编程的基本知识为重点，为今后采用自动编程打牢基础。

2. 自动编程

自动编程是借助于数控语言编程系统或图形编程系统及相应的前置、后置处理程序，由计算机来自动生成零件加工程序的编程方法。

按输入方式的不同，自动编程主要可分为数控语言编程（如 APT 语言）、图形交互式编程（如各种 CAD/CAM 软件，包括 Master CAM、Cimatron、Pro/ENGINEER、UG、CATIA、I-DEAS、Solid Works、CAXA-ME 等）、语音式自动编程和实物模型式自动编程等。现在，在我国应用较广泛的主要是语言自动编程和图形交互式编程。

自动编程适合于曲线轮廓、三维曲面、多轴加工的复杂型面零件的加工。

1.2.2 程序的结构

加工程序是数控加工中的核心组成部分。不同的数控系统，其加工程序的结构及程序段格式也可能有某些差异。下面是 Fanuc 数控系统上的一个程序：

```
O1;                          程序号
N10 G54 G17 G40 G49 G90;     第一程序段
N20 M3 S300;                 第二程序段
```

```
N30 G0 Z30.0;
N40 X-60.0 Y0;
N50 Z5.0;
N60 G1 Z-5.0 F80;
N70 G1 G42 X-50.0 Y10.0 D1;
N80 G2 X-40.0 Y0 R10.0;
N90 G1 Y-40.0;
N100 X40.0;
N110 Y40.0;
N120 X-40.0;
N130 Y0;
N140 G2 X-50.0 Y-10.0 R10.0;
N150 G1 G40 X-60.0 Y0;
N160 G0 Z30.0;
N170 M5;
N180 M30;                            程序结束
```

由上可知，一个完整的加工程序由程序号和若干个程序段组成。上例中间的每一行为一个程序段，而程序段由程序段号、若干个字及程序段结束符组成。一个字由一个地址符后跟一个数字组成。字母（A 至 Z）中的一个可以作为地址符，一个地址定义了跟在其后数字的含义。表 1.2 给出了 FANUC oi 系统常用的地址和它们的含义。

表1.2 常用地址符的含义

功 能	地 址	含 义
程序号	O	程序号
顺序号	N	顺序号
准备机能	G	指定一种动作（直线，圆弧等）
尺寸字	X，Y，Z，U，V，W，A，B，C	坐标轴移动指令
	I，J，K	圆心的坐标
	R	圆弧半径
进给机能	F	每分钟进给率，每转进给率
主轴速度机能	S	主轴速度
刀具机能	T	刀具号
辅助机能	M	机床控制开/关
	B	分度工作台，等
偏移量量号	D，H	偏移量量号
暂停	P，X	暂停时间
程序号指定	P	子程序号
重复次数	L，K	子程序重复次数
参数	P，Q	固定循环参数

1. 程序号

每个程序都要进行编号，程序号由位址 O 跟 4 位数字组成，即

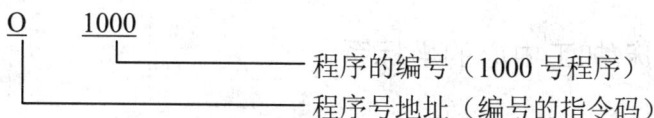

O　1000

1000 —— 程序的编号（1000 号程序）

O —— 程序号地址（编号的指令码）

程序号 8000 至 9999 常用于机床制造商，所以用户最好别用这些号码。不同的数控系统，程序号或程序名也有所差别。如 SIEMENS 系统须用两位字母加其他字母或数字组成。编程时一定要参考说明书，否则程序无法执行。

2. 程序段的格式

程序段的格式可分为地址格式、分隔地址格式、固定程序段格式和可变程序段格式等。其中以可变程序段格式应用最为广泛。1985 年，我国颁布了 JB3832-85 数控机床点位切削和轮廓加工用可变程序段格式。所谓可变程序段格式就是程序段的长短是可变的。常见程序段格式见表 1.3。

表1.3　程序段的格式

1	2	3	4	5	6	7	8
顺序号	准备功能	坐标字	进给功能	主轴功能	刀具功能	辅助功能	结束符号

3. 程序的分类

程序一般分为主程序和子程序。在通常情况下，数控机床是按主程序的指令进行工作，当在程序中有调用子程序的指令时，数控机床就转到子程序执行，遇到子程序中有返回主程序的命令时，则返回主程序继续执行。在程序编制时，若遇到某些重复出现的程序，可将其编制成子程序的形式，预先存储在存储器中，使用时只需要直接通过调用子程序命令直接调用，而无须重新编制，这样就简化了程序的设计。子程序的结构同主程序的结构一样。

还有一种程序称为宏程序，它利用数控系统的变量、算术和逻辑操作及跳转功能，可以进行更强大的编程。其最大的特点就是将有规则的形状或尺寸用最短的程序段表示出来，具有极好的易读性，编写出的程序非常简洁，逻辑严密，通用性极强，是手工编程应用中最大的亮点。

数控机床的指令格式在国际上有很多格式标准规定，并不完全一致，随着数控机床的发展、改进和创新，数控系统的功能将更加强大和使用方便，在不同的数控系统之间，程序格式上存在一定的差异。故在掌握一种数控系统及其机床时应了解其编程格式。

SIEMENS 系统在程序传送时需要在程序头加引导程序，其格式为

```
%_N_程序名称_MPF
;$PATH=/N_MPF_DIR
```

1.2.3　数控铣床/加工中心的坐标系

为了便于编程时描述机床的运动，简化程序的编制方法，数控机床的坐标系和运动方向均已标准化。

1. 坐标系的确定原则

ISO 组织 2001 年颁布了 ISO2001 标准，其中规定的命名原则如下所述。

（1）刀具相对于静止的工件而运动的原则

刀具相对于静止的工件而运动的原则使编程人员在不知道是刀具运动还是工件运动（不同的机床其运动的形式不同）的情况下，就可依据零件图样，确定机床的加工过程。

（2）标准坐标系的确定

标准的机床坐标系是一个右手笛卡尔直角坐标系，如图 1.8 所示，大拇指表示+*X* 向，食指表明+*Y* 向，中指表明+*Z* 向，根据右手螺旋方法，我们可以很快的确定 *A*、*B*、*C* 三个旋转坐标的方向。

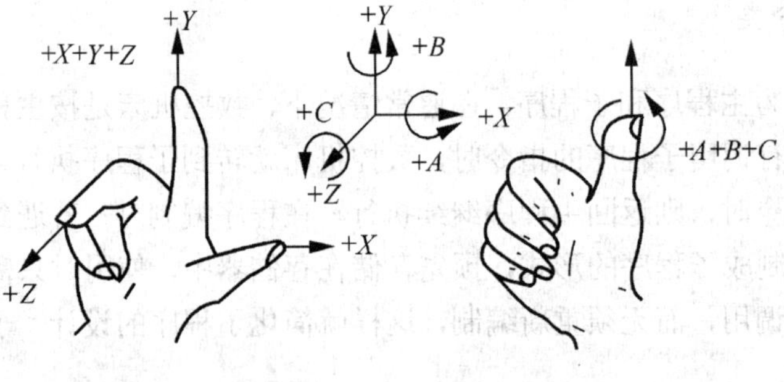

图 1.8　右手直角笛卡尔坐标系及右手螺旋法则

（3）正方向的确定

统一规定增大刀具与工件之间距离的方向为各坐标轴的正方向，反之则为负方向。旋转坐标轴 *A*、*B*、*C* 的正方向确定按上述右手螺旋法则。由于刀具与工件是一对相对运动，所以规定其相反的方向为＋*X′*、+*Y′*、+*Z′*，表示是工件（相对于刀具）正方向运动的坐标系。

2. 坐标轴的确定及步骤

（1）Z轴

一般取产生切削力的主轴轴线为Z轴，刀具远离工件的方向为正。

（2）X轴

X轴一般位于平行工件装夹面的水平面内。对于刀具作回转切削运动的机床（如铣床、镗床），当Z轴垂直时，人面对主轴，向右为正X方向，当Z轴水平时，则向左为正X方向。

（3）Y轴

根据已确定的X、Z轴，按右手直角坐标系确定。

（4）A、B、C轴

A、B、C轴为回转进给运动坐标。根据已确定的X、Y、Z轴，用右手螺旋定则确定。立式数控铣床（加工中心）的坐标系如图1.9所示。

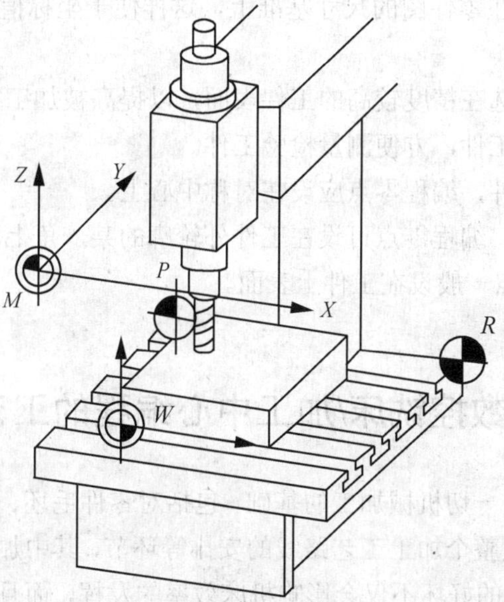

图1.9 立式数控铣床（加工中心）的坐标系

3. 数控铣床/加工中心的两种坐标系

数控机床坐标系包括机床坐标系和编程坐标系两种。

（1）机床坐标系

机床坐标系又称为机械坐标系，它是用来确定编程坐标系的基本坐标系，其坐标和运动方向视机床的种类和结构而定。

机床坐标系的原点称为机床原点，也可称为机床零点或机械零点，是机床上设置的一个固定的点。它在机床装配、调试时就已确定下来，是数控机床进行加工运动的基准。

机床参考点是机床制造商在机床上借助行程开关设置的一个物理位置，它与机床原点的相对位置是固定的。通常设置在运动部件正向的极限位置。机床只有通过参考点的确认才能确定机床原点，故机床开机后要进行回参考点的操作，也可称为回零操作。

（2）编程坐标系

编程坐标系也称为工件坐标系，用来确定工件轮廓的编程和计算的，其原点称为工件坐标系原点，简称为工件原点，或编程零点。编程时的刀具轨迹点是按工件轮廓在工件坐标系中的坐标确定。当工件装夹到工作台上，工件坐标系在机床坐标系中的位置也就确定了，可通过对刀来确定其相对距离。编程人员可以不考虑工件在机床上的实际位置和安装精度，而利用数控系统的零点偏置功能，通过工件原点偏置值，补偿工件在工作台上的位置误差。

编程坐标系的建立原则如下：

1）编程零点应选在零件图的尺寸基准上，这样便于坐标值的计算，并减少计算错误和编程错误。

2）编程零点尽量选在精度较高的工件表面，以提高被加工零件的加工精度。

3）能方便地安装工件，方便测量检验工件。

4）对于对称的零件，编程零点应设在对称中心上。

5）对于一般零件，编程零点可设在工件外轮廓的某一角上。

6）Z 轴方向上零点一般设在工件上表面。

1.3 数控铣床/加工中心编程的工艺特点

零件加工的工艺是一切机械加工的基础，包括对零件毛坯、加工设备、刀具、夹具、量具和辅具的选择以及整个加工工艺路线的安排等环节，其中加工工艺路线是数控机床编程的依据。工艺方案的好坏不仅会影响机床效率的发挥，而且将直接影响到零件的加工质量。

1.3.1 数控铣床/加工中心的主要加工对象

立式数控铣床/加工中心一般适用于加工平面凸轮、样板、形状复杂的平面或立体零件，以及模具的内、外形腔等。卧式数控铣床/加工中心适用于加工箱体、泵体、壳体等零件。

1.3.2 加工工序的划分

在数控机床上加工零件，工序比较集中，一般只需一次装夹即可完成全部工序的加工，根据数控机床的特点，为了提高数控机床的使用寿命，保持数控机床的精度，降低零件的加工成本，通常是把零件的粗加工，特别是零件的基准面、定位面等，放在普通机床上加工。

数控机床上加工工序的划分常用以下几种方法：

1）刀具集中分序法。这种方法按所用刀具来划分，用同一把刀具加工完成所有可以加工的部位，然后再换刀。这种方法可以减少换刀次数，缩短辅助时间，减少不必要的定位误差。

2）粗、精加工分序法。根据零件的形状、尺寸精度等因素，按粗、精加工分开的原则，先粗加工，再半精加工，最后精加工，这样可以减少粗加工变形对精度的影响（特别是薄壁零件）。

3）按加工部位分序法。即先加工平面、定位面，再加工孔；先加工形状简单的几何形状，再加工复杂的几何形状；先加工精度比较低的部位。

加工工序确定以后，就是工件的装夹问题，一般情况下，在数控铣床上装夹零件时，尽量采用组合夹具，以减少辅助作业时间。

1.3.3 加工路线的确定

对于数控机床，加工路线是指刀具中心运动的轨迹及方向。合理地选择加工路线不但可以提高切削效率，还可以提高零件的表面精度。过长的加工路线还会影响机床的寿命、刀具的寿命。确定加工路线应考虑以下几个方面：

1）尽量减少进、退刀时间和其他辅助时间。

2）铣削零件轮廓时，尽量采用顺铣（顺铣是指在铣刀与工件的相切点，刀齿旋转的切线方向与工件的进给方向相同），以提高表面精度。

3）先加工外轮廓，再加工内轮廓。

4）进、退刀位置应选在不太重要的位置，并且使刀具沿零件的切线方向进刀和退刀，以免产生刀痕。

1.3.4 切削用量的选择

切削用量包括切削速度（主轴转速）、背吃刀量、进给速度（进给量）。对于不同的加工条件，需要选择不同的切削用量，并编入到相应的程序单内。切削用量是加工过程中重要的组成部分，合理的切削用量，就是在一定条件下选择切削用量的最佳组合，从而提高切削效率和零件的表面精度。

合理选择切削用量的原则是，粗加工时，一般以提高生产率为主，但也考虑经济性和加工成本；半精加工和精加工时，应在保证加工质量的前提下，兼顾切削效率、经济性和加工成本。

1）背吃刀量 a_p（mm）。主要根据机床、夹具、刀具和工件的刚度来决定。在刚度允许的情况下，最好一刀切完余量，以便提高生产效率。

2）主轴转速 n（r/min）。主要根据允许的切削速度 v_c（m/min）来选取，即

$$n = 1000 \times v_c / \pi D = 318 \times v_c / D$$

式中，v_c——切削速度；

D——刀具直径（mm）。

影响切削速度的因素很多，主要有刀具材质、工件材质、刀具寿命、背吃刀量和进刀量、刀具的形状、切削液的使用、机床性能等。可根据具体情况或经验来选用。常用切削速度见表 1.4。

表1.4 常用切削速度

工件材料	硬度/HBS	铣削速度 v_c/（m/min）	
		高速钢铣刀	硬质合金铣刀
钢	<225	18～42	66～150
	225～325	12～36	54～120
	325～425	6～21	36～75
铸铁	<190	21～36	66～150
	190～260	8～18	45～90
	160～320	4.5～10	21～30

在实际生产中，往往是先确定刀具直径，并根据加工条件选定切削速度，再将切削速度换算成机床主轴转速，以便调整。

3）进给速度 F（mm/min）或进给量（mm/r）。主要根据零件的加工精度和表面粗糙度要求以及刀具、工件的材料性质选取。工件刚性差或刀具强度低时，应取小值，铣刀为多齿刀具，其进给速度 F、刀具转速 n、刀具齿数 Z 及每齿进给量 f_z 的关系为：

$$F = n \times Z \times f_z$$

常用每齿进给量见表 1.5。例如，选用 ϕ14mm 粗齿三刃高速钢立铣刀，粗加工 45 号钢材，由上可知选用切削速度 v_c 为 22m/min，则主轴转速为 n=318×22/14r/min=500r/min，若选用每齿进给量 f_z 为 0.1，则进给速度 F=500×3×0.1r/min=150mm/min。再选用 ϕ12 细

齿四刃高速钢立铣刀，精加工 45 号钢材，选用 800r/min（精加工转速高）的转速加工，若选用每齿进给量 f_z 为 0.03，则进给速度 F=800×4×0.03mm/min=96mm/min。加工时还要根据具体情况进行调节。

表1.5　常用每齿进给量

工件材料	每齿进给量 f_z/（mm/r）			
	高速钢铣刀	硬质合金铣刀	高速钢铣刀	硬质合金铣刀
钢	0.10～0.15	0.10～0.25	0.02～0.05	0.10～0.15
铸铁	0.12～0.20	0.15～0.30		

1.3.5　刀具的选用

1. 铣刀的种类

（1）面铣刀

面铣刀多制成套式镶齿结构，刀齿为高速钢或硬质合金，硬质合金面铣刀的铣削速度、加工效率和工件表面质量均高于高速刚铣刀，并可加工带有硬皮和淬硬层的工件，因而得到了广泛的应用。

（2）立铣刀

立铣刀的圆柱面和端面上都有切削刃，它们可以同时进行切削，也可单独进行切削，但由于立铣刀端面中心没有切削刃，所以不能直接作轴向进给。

（3）模具铣刀

模具铣刀由立铣刀发展而成，可分为圆锥形立铣刀（半锥角有 3°、5°、7°、10°）、圆柱形球头立铣刀和圆锥形球头立铣刀。

（4）键槽铣刀

键槽铣刀有两个刀齿，端面刃延至刀具中心，既像立铣刀又像钻头，可直接进行轴向加工。

（5）鼓形铣刀

（略）

（6）成形铣刀

（略）

2. 铣刀的选择

选取刀具时，要使刀具尺寸与被加工工件的表面尺寸和形状相适应。生产中，平面零件周边轮廓加工，常采用立铣刀，铣削平面时，应采用硬质合金面铣刀，加工凸台、凹槽时，应采用高速钢立铣刀。曲面加工常采用球头铣刀，但加工曲面较平坦部位时，刀具以球头顶端刃切削，切削条件较差，因而应采用环形刀。在单件或小批量生产中，为取代多坐标联动机床，常采用鼓形或锥形刀来加工飞机上一些变斜角零件。加镶齿盘铣刀，适用于在五坐标联运的数控机床上加工一些球面，其效率比用球头铣刀高近十倍，并可获得好的加工精度。

思考与练习

1. 简述数控机床的组成。
2. 简述加工中心的特点。
3. 按运动方式分类，数控机床可分为哪三类？
4. 按控制方式分类，数控机床可分为哪三类？
5. 简述数控系统的主要功能。
6. 简述右手直角笛卡尔坐标系确定坐标轴方向的规定。
7. 分别画出立式/卧式加工中心的坐标系统图。
8. 在数控铣床/加工中心中选择编程零点的位置，应遵循哪些原则？
9. 数控铣床/加工中心加工工序的划分常有哪几种方法？
10. 在数控铣床/加工中心中确定加工路线时应考虑哪几个方面？
11. 写出主轴转速的计算式，并说明各参数的含义及单位。

2

基本编程思路

教学目标

1. 掌握编写程序的基本工艺常识
2. 掌握编写程序的基本思路方法

2.1 手工编程两个基本原则

手工编程的两个基本原则包括：①零件的加工程序要尽可能短；②零件的加工路线要尽可能的短。

2.2 安全高度的确定

对于铣削加工，起刀点和退刀点必须离开加工零件上表面一个安全高度，保证刀具在停止状态时，不与加工零件或夹具发生碰撞。在安全高度位置时刀具中心（或刀尖）所在的平面也称为安全平面，如图 2.1 所示。

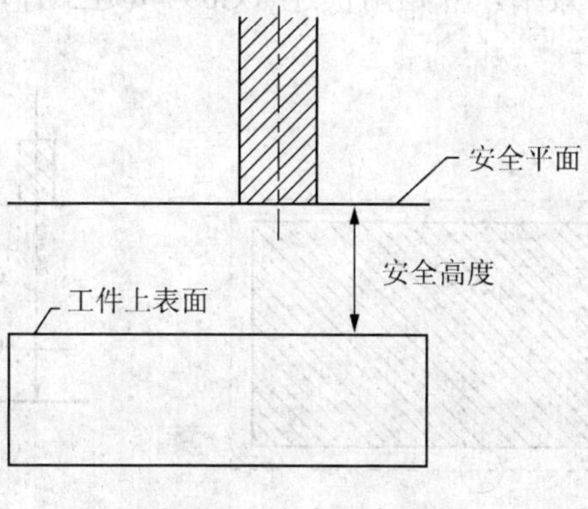

图 2.1 安全面高度

2.3 进刀、退刀方式的确定

对于铣削加工，刀具切入工件的方式，不仅影响加工质量，同时直接关系到加工的安全。对于二维轮廓加工，为了保证被加工表面的光滑，以避免产生刀痕，主要用以下几种方法完成进刀、退刀。

1）从延长线上切入、切出，如图 2.2（a）所示。

2）从切线上切入、切出，如图 2.2（b）所示。

3）圆弧切入、切出，如图 2.2（c）所示。

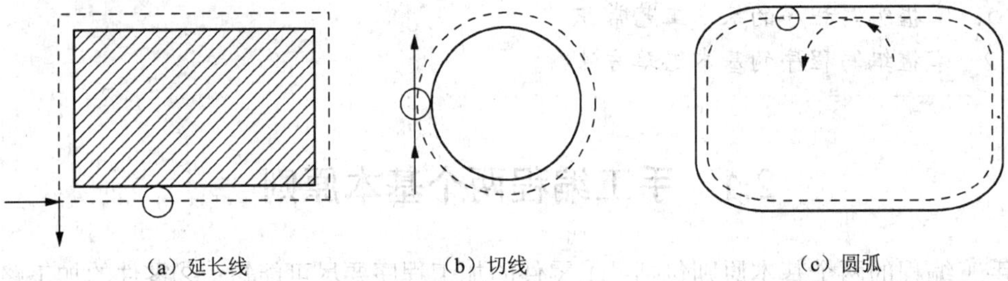

图 2.2　切入/切出方式

2.4 下刀/提刀问题

刀具从安全面高度下降到切削高度时，应离开工件毛坯边缘一个距离，不能直接贴着加工零件理论轮廓直接下刀，以免发生危险，如图 2.3 所示。加工中心中下刀运动过程一般应分两次，以提高效率，开始用快速（G0）接近工件，再用（G1）直线插补下刀。提刀与下刀过程相反。

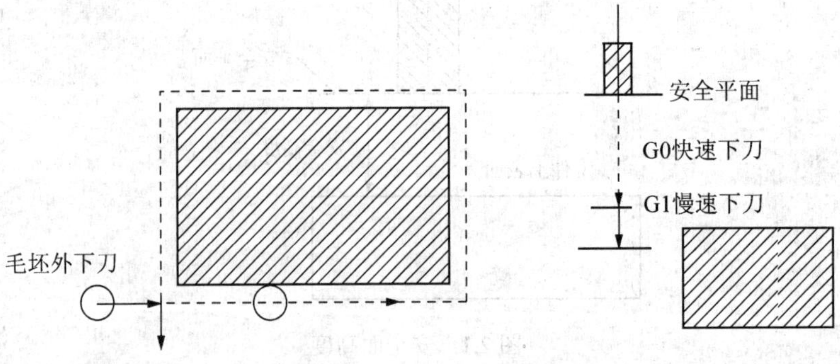

图 2.3　下刀点的确定

对于型腔的粗铣加工，一般应先钻一个工艺孔进刀，进行型腔粗加工。型腔粗加工方式一般采用从中心向四周扩展。

2.5 刀具半径的确定

对于铣削加工，粗加工尽量选择大直径刀具，粗/精加工刀具半径选择的主要依据是零件加工轮廓和加工轮廓凹处的最小曲率半径或圆弧半径，刀具半径应小于该最小曲率半径值。另外还需要考虑刀具尺寸与零件尺寸的协调问题，即不要用一把很大的刀具加工一个很小的零件。刀具半径的选择如图 2.4 所示。

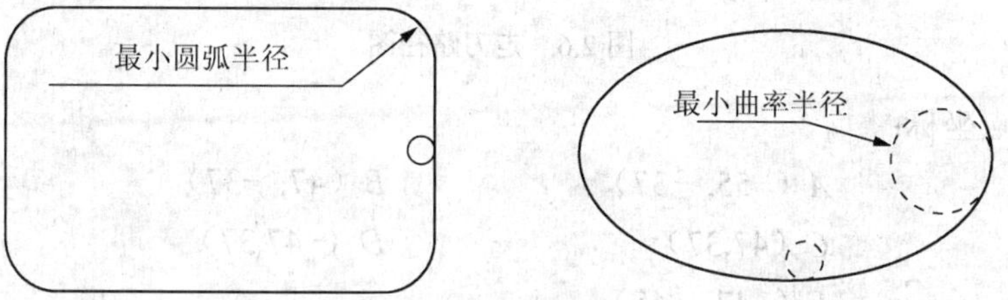

图 2.4 刀具半径的选择

2.6 编写程序的基本思路

一个加工程序，除了其切削材料部分不同外，其余部分大致相同。一般程序开头会有一个程序初始化指令，如“G54 G17 G21 G40 G49 G90”，用来确认当前机床状态。之后就是进行辅助准备，如换刀，主轴启动,切削液开等。准备好后，再进行 *Z* 轴的移动至安全平面，*X*、*Y* 平面的定位，下刀，加工工件，再提刀，程序结束（换刀，主轴停止，切削液关，程序返回等）。

例如，在数控铣床上用 $\phi 14$ 的立铣刀加工如图 2.5 所示的零件.

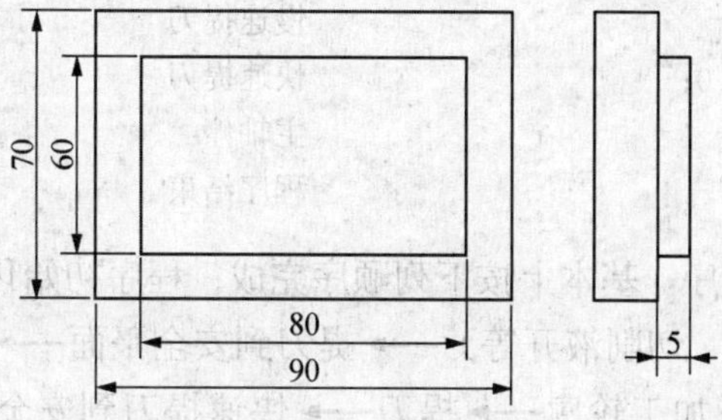

图 2.5 程序实例图样

考虑刀具半径为7，若采用延长线方式切入、切出，其走刀路径如图2.6所示。

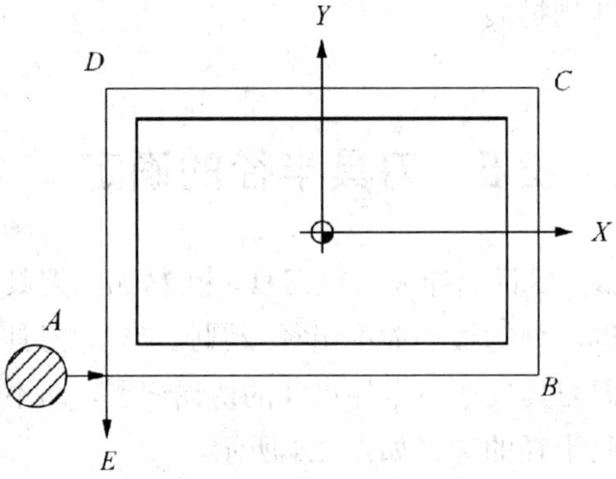

图2.6　走刀路径图

图中各点坐标：

A（−55，−37）　　B（47，−37）

C（47,37）　　D（−47,37）

E（−47，−45）

参考程序如下：

```
O0001;（FANUC）                程序名
N10 G54 G17 G40 G49 G90;       程序初始化
N20 M3 S500;                   主轴起动
N30 G0 Z30.0;                  提刀到安全平面
N40 X-55.0 Y-37.0;             定位到A点
N50 Z5.0;                      快速下刀
N60 G1 Z-5.0 F80;              慢速下刀
N70 X47.0 F150;                走刀到B点
N80 Y37.0;                     走刀到C点
N90 X-47.0;                    走刀到D点
N100 Y-45.0;                   走刀到E点
N110 Z5.0;                     慢速提刀
N120 G0 Z30.0;                 快速提刀
N130 M5;                       主轴停
N140 M30;                      程序结束
```

编写加工中心的程序，基本上按下列顺序完成：程序初始化（安全保护）⟶辅助准备（换刀、主轴启动、切削液开等）⟶提刀到安全平面⟶定位到下刀点⟶快速下刀⟶工进下刀⟶加工轮廓⟶提刀⟶快速提刀到安全平面⟶程序结束（换刀、主轴停止、切削液关、程序返回等）。

思考与练习

1．常用的进刀、退刀方式包括哪些？

2．铣削加工中的刀具半径怎么确定？

3．简述程序编制的基本顺序。

3

基 本 指 令

教学目标

掌握数控铣削中常用的基本指令的含义及格式、应用

3.1 绝对值编程G90与增量值编程G91

绝对值是以工件坐标系原点为基准来表示坐标位置的，直接书写目标点在工件坐标系中的坐标值。

增量值是以前一点为依据来表示两点间实际的向量值（包括距离和方向），与坐标轴正方向一致则取正，否则取反。

G90 表示用绝对值编程，G91 表示用增量值编程。它们都是模态指令。

【例 1】 如图 3.1 所示，已知刀具轨迹为：“$A \rightarrow B \rightarrow C \rightarrow D \rightarrow A$”，使用绝对值与增量值编程的目标点位置分别所示。

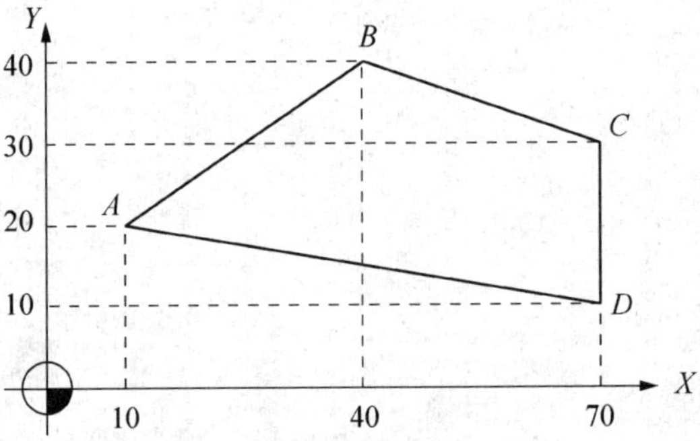

图 3.1　G90 与 G91

解： G90 表示时为

A 点 X10Y20、*B* 点 X40Y40、*C* 点 X70Y30、*D* 点 X70Y10

G91 表示时为

B 点 X30Y20、*C* 点 X30Y-10、*D* 点 X0Y-20、*A* 点 X-60Y10

在同一加工程序中，可以根据工件图上的尺寸标注，选择增量值与绝对值编程。机床开机默认为 G90。

3.2　快速定位G0与直线插补G1

1. 快速定位 G0

快速定位 G0 格式为

G0 *X*___ *Y*___ *Z*___;

其中，*X*___ *Y*___ *Z*___是刀具移动时的目标点坐标。

G0 使刀具从当前位置以点位控制方式快速移动到目标点。它对中间运动无轨迹要求，快速移动的速度由参数设定，与程序中的进给速度无关，故一般不能用于切削加工。快速定位 G0 主要用于加工前的快速定位或加工后的快速退刀，可节省加工时间。

说明：

1）*X*、*Y*、*Z* 是目标点的坐标，可三轴或二轴或单轴移动。

2）其运动轨迹由参数决定，常见运动轨迹有以下 5 种方式，如图 3.2 所示。直线 *AE*、直角线 *ADE*、*ACDE*、*ABDE*、折线 *AFDE*。其中，后 4 种方式，都是当刀具靠近工件时，先 *XY* 平面运动，再 *Z* 轴运动，当刀具离开工件时，先 *Z* 轴运动，再 *XY* 平面运动。

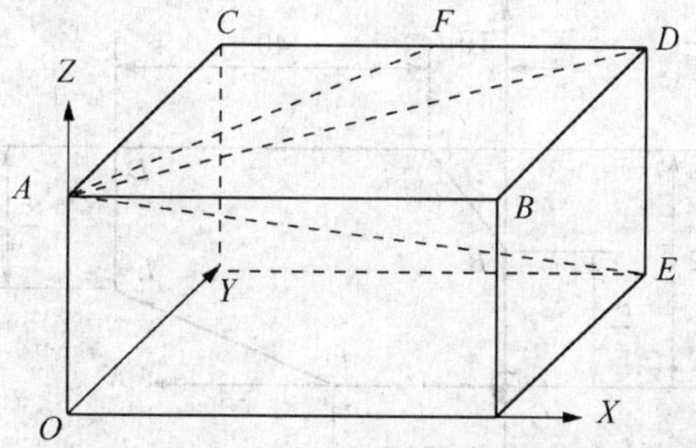

图 3.2　G0 实际运动轨迹

3）在未知 G0 轨迹的情况下，尽量不用三坐标编程，避免撞刀。

注意：

1）有的机床上有快速倍率修调,其实际运动速度与快速倍率有关。

2）快速定位速度一般设置很快，初学者可用 G1 代替，避免安全事故。

3）F__指令在 G0 程序段无效。

2. 直线插补 G1

G1 格式为

```
G1 X___ Y___ Z___ F___;
```

功能：G1 指令使刀具从当前点以指定的速度直线移动到目标点。

说明：

1）*X*、*Y*、*Z* 是目标点的坐标，可三轴或二轴或单轴同时移动。

2）*F* 是合成进给速度，第一个 G1 必须要设定进给速度。

3）G1 一般用于切削加工、慢速接近工件、慢速退刀等情况下。

【例 2】 如图 3.3 所示，刀具从 *A* 点直线插补至 *B* 点，分别用绝对值编程和增量值编程表示。

解：绝对值编程为

```
G90 G1 X60.0 Y45.0 F100;
```

增量值编程为

```
G91 G1 X42.0 Y25.0 F100;
```

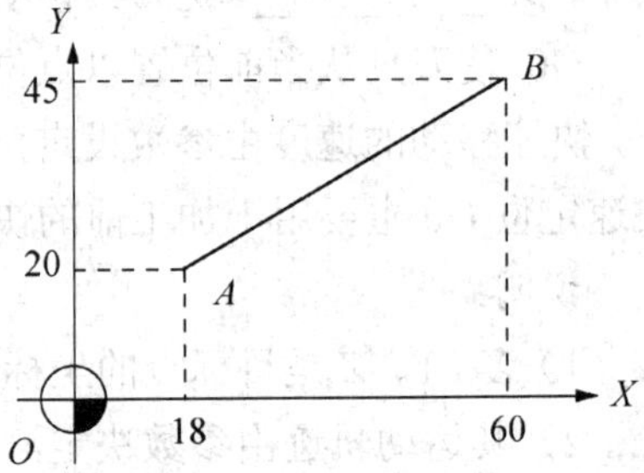

图 3.3　G01 直线插补

【例 3】 如图 3.4 所示，刀具沿 *A*→*B*→*C*→*D*→*E*→*F*→*A* 直线进给，采用 G91/G90 混合编程。

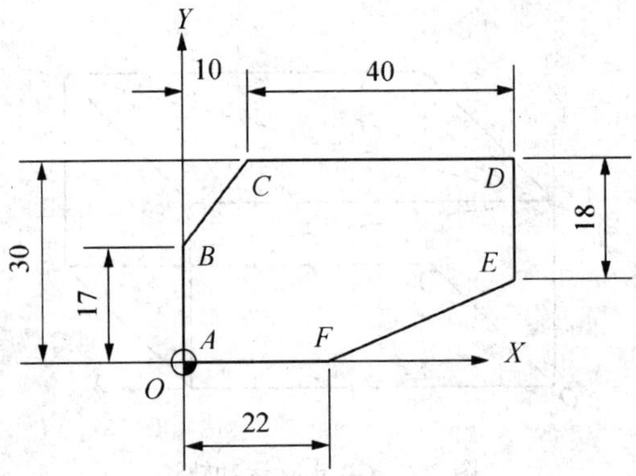

图 3.4　综合实例

解：采用 G91/G90 混合编程移动指令为

```
N10 G90 G1 X0 Y17.0 F100;          B点
N20 X10.0 Y30.0;                   C点
N30 G91 X40.0 Y0;                  D点
N40 X0 Y-18.0;                     E点
N50 G90 X22.0 Y0;                  F点
N60 X0 Y0;                         A点
```

注意：

1）在画加工路线图时，常用虚线表示 G0，用实线表示 G1。

2）在书写加工程序时，为了增强程序的可读性，可以省略没有移动的指令字，如例 3 程序 N10 中的 X0，N30 中的 Y0，N40 中的 X0 等。

3.3　平面选择G17、G18、G19

功能：该组指令主要用于圆弧插补、刀具半径补偿、孔加工固定循环等指令下的平面选择，如图 3.5 所示，如下所述。

G17：选择 *XY* 平面，第一轴为 *X*，第二轴为 *Y*，第三轴为 *Z*。

G18：选择 *ZX* 平面，第一轴为 *Z*，第二轴为 *X*，第三轴为 *Y*。

G19：选择 *YZ* 平面，第一轴为 *Y*，第二轴为 *Z*，第三轴为 *X*。

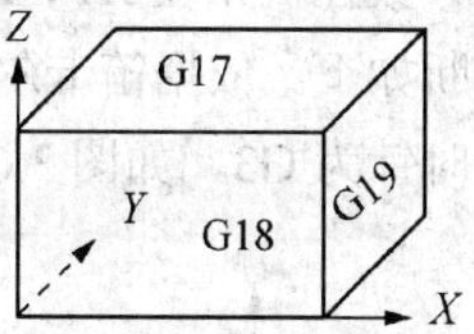

图 3.5　平面选择

该组指令为模态指令，数控铣床/加工中心的初始值为 G17。在编程时，直接书写平面选择指令即可。

3.4　圆弧插补G2、G3

功能：该组指令使刀具从圆弧起点，沿圆弧移动到圆弧终点。各指令分别如下所述。

G2：顺时针方向圆弧切削。

G3：逆时针方向圆弧切削。

格式：*XY* 平面上的圆弧时有

$$G17\begin{Bmatrix}G2\\G3\end{Bmatrix}X\_\_\ Y\_\_\begin{Bmatrix}I\_\_\ J\_\_\\R\_\_\end{Bmatrix}F\_\_;$$

ZX 平面上的圆弧时有

$$G18\begin{Bmatrix}G2\\G3\end{Bmatrix}Z\_\_\ X\_\_\begin{Bmatrix}K\_\_\ I\_\_\\R\_\_\end{Bmatrix}F\_\_;$$

YZ 平面上的圆弧时有

$$G17\begin{Bmatrix}G2\\G3\end{Bmatrix}Y\_\_\ Z\_\_\begin{Bmatrix}J\_\_K\_\_\\R\_\_\end{Bmatrix}F\_\_;$$

说明：

1）*X*、*Y*、*Z* 为圆弧终点坐标。

2）*R* 为圆弧半径。

3）*I*、*J*、*K* 为从圆弧起点到圆心位置的向量在 *X*、*Y*、*Z* 轴上的分向量。*X* 轴的分向量用地址 *I* 表示；*Y* 轴的分向量用地址 *J* 表示；*Z* 轴的分向量用地址 *K* 表示。

4）*F* 为切削进给速率。

3.4.1 圆弧插补方向判定

数控机床在 *XY*、*ZX* 及 *YZ* 平面上都可进行圆弧插补，在空间中顺时针与逆时针的判断如下：依据笛卡尔坐标系，从加工平面第三轴的正方向往负方向看，顺时针为 G2，逆时针为 G3，如图 3.6 所示。

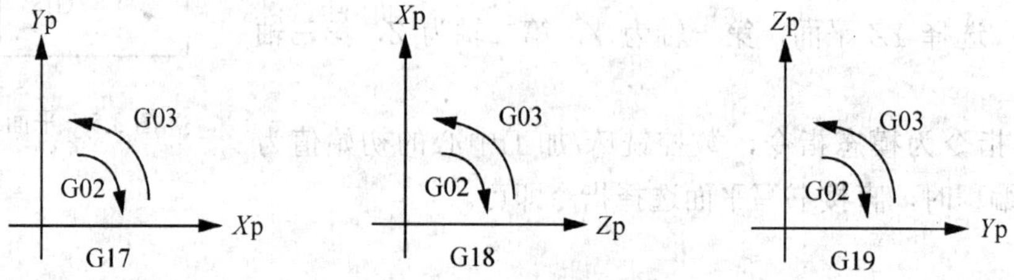

图 3.6 G02/G03 的判断

3.4.2 半径法编程

半径法编程即 *R* 编程，*R* 表示半径，如图 3.7 所示，已知起点、终点、半径，可以确定两个圆，*R* 后根据圆弧的大小可以取正/负值。圆弧 $\overset{\frown}{ABC}$ 的圆心角小于 180°，*R* 取正值；圆弧 $\overset{\frown}{ABC}$ 的圆心角大于 180°，*R* 取负值；圆弧的圆心角等于 180°，*R* 一般取正值。

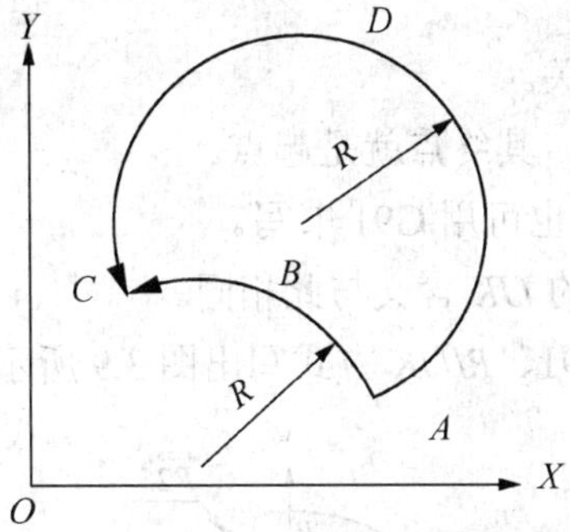

图 3.7 半径符号的确定

设 *A* 点坐标为（35,10），*C* 点坐标为（10,20），半径为 20，则圆弧 $\overset{\frown}{ABC}$ 表示为

```
G90 G3 X10.0 Y20.0 R20.0 F100;
G91 G3 X-25.0 Y10.0 R20.0 F100;
```

圆弧 $\overset{\frown}{ADC}$ 表示为

```
G90 G3 X10.0 Y20.0 R-20.0 F100;
G91 G3 X-25.0 Y10.0 R-20.0 F100;
```

注意：

在 SIEMENS 数控系统上用“CR=___”表示半径，正/负号的确定方法同上。

3.4.3 圆心法编程

圆心法编程用 *IJK* 编程，如图 3.8 所示，即

$$I=X_{圆心}-X_{起点}$$

$$J=Y_{圆心}-Y_{起点}$$

$$K=Z_{圆心}-Z_{起点}$$

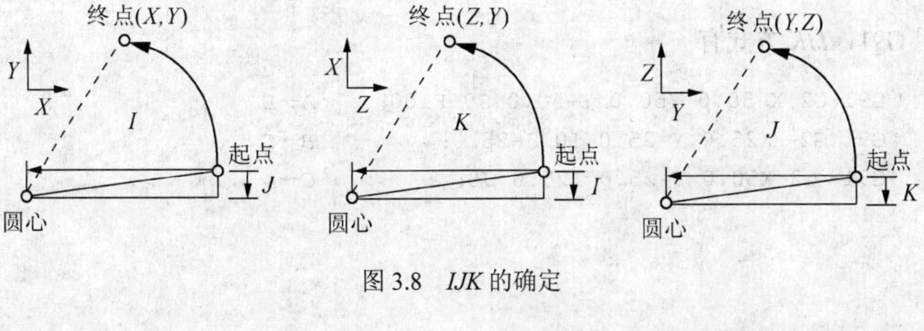

图 3.8 *IJK* 的确定

注意：

1）*IJK* 与 G90、G91 无关。

2）整圆编程只能用 *IJK*，其终点就是起点。

3）终点坐标可用 G90，也可用 G91 书写。

4）SIEMENS 数控系统的 *IJK* 含义与此相同。

【例 4】 分别用 G90/G91、*R*/*IJK* 方式写出图 3.9 所示的走刀指令。

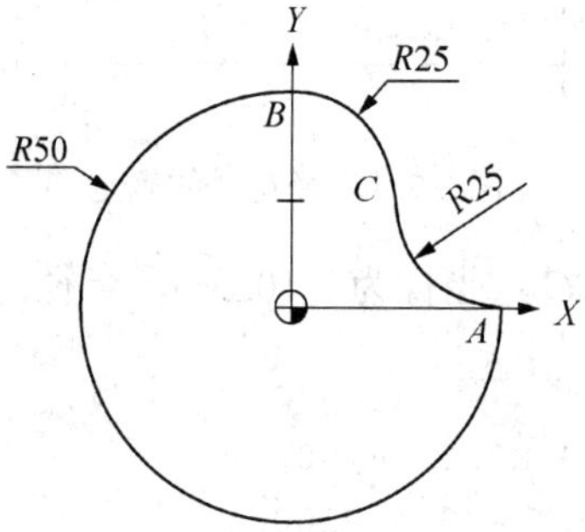

图 3.9 G2/G3 编程实例

解：用 G90，*R* 方式有

```
G90 G2 X0 Y50.0 R-50.0 F100;          A→B
G90 G2  X25.0 Y25.0 R25.0;            B→C
G90  G3 X50.0 Y0 R25.0;               C→A
```

用 G90，*IJK* 方式有

```
G90 G2 X0 Y50.0 I-50.0 J0 F100;       A→B
G90 G2  X25.0 Y25.0 I0 J-25.0;        B→C
G90  G3 X50.0 Y0 I25.0 J0;            C→A
```

用 G91，*R* 方式有

```
G91 G2 X-50.0 Y50.0 R-50.0 F100;      A→B
G91 G2  X25.0 Y-25.0 R25.0;           B→C
G91  G3 X50.0 Y-25.0 R25.0;           C→A
```

用 G91，*IJK* 方式有

```
G91 G2 X-50.0 Y50.0 I-50.0 J0 F100;   A→B
G91 G2  X25.0 Y-25.0 I0 J-25.0;       B→C
G91  G3 X50.0 Y-25.0 I25.0 J0;        C→A
```

3.5 工件坐标系

3.5.1 工件坐标系零点偏移指令 G54～G59

当工件装夹到机床的工作台上，其工件坐标系在机床坐标系中的位置就确定下来了。通过对刀，可以获取工件坐标系原点在机床坐标系中的坐标，G54～G59 通过在机床设置中输入这个坐标值，预先建立工件坐标系，可预置 6 个工件坐标系，在程序中用 G54～G59 选用它们，如图 3.10 所示。

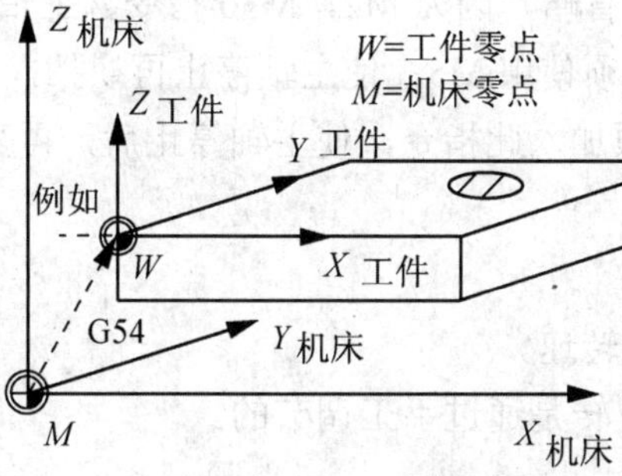

图 3.10 工件坐标系

注意：

1）G54～G59 与刀具当前位置无关。

2）机床开机后初始指令为 G54。

3）编程始终以工件坐标系为基准，不考虑工件的位置。

3.5.2 局部坐标系 G52

在原工件坐标系中再次设定子坐标系，称为局部坐标系。其指令格式为

```
G52X__Y__Z__;    设定
G52X0Y0Z0;       取消
```

程序中，X__Y__Z__表示局部坐标系的原点在工件坐标系中的位置。

注意：设定了局部坐标系 G52 后不再需要时，必须取消，防止误动作。

3.6 常用M指令

3.6.1 主轴控制 M3/M4/M5

M3：表示主轴正转，从主轴尾部向工作台看，主轴顺时针旋转的方向。铣削加工中多用主轴正转 M3。

M4：表示主轴反转，从主轴尾部向工作台看，逆时针旋转的方向。

M5：表示主轴停转。此指令用于下列情况：

1）程序结束前（但也可省略，因为 M2，M30 指令含主轴停）。

2）在机械换挡之间，必须使用 M5，使主轴停止再换挡，以免损坏换挡机构。

3）主轴正/反转转换，须加入此指令，使主轴停止后，再变换转向指令，以免伺服马达受损。

注意：

1）主轴正转可用 S 指定转速。

2）有些数控铣床的正/反转是通过手工调节的。

3.6.2 程序结束 M2

程序结束 M2 用于程序最后，表示程序结束。本指令会自动将主轴停止及关闭切削液，但程序执行指针不会自动返回到程序开头，须在编辑模式上，再按 RESET 键，才能使程序执行指针回到程序开头。

3.6.3 程序结束 M30

程序结束 M30 用于程序最后，表示程序结束。执行时与 M2 相似，不同的是，执行指针会自动回到程序开头，故程序结束大多使用 M30 较方便。

3.6.4 切削液开关 M7/M8/M9

M7：开启雾状切削液，有喷雾装置的机床，令其喷出雾状切削剂。

M8：切削剂喷出，一般机床上有阀门可以手动调节切削剂流量大小。

M9：切削液关，常用于程序执行完之前。

【例 5】 写出图 3.11 的走刀路径的程序，加工深度 5mm。

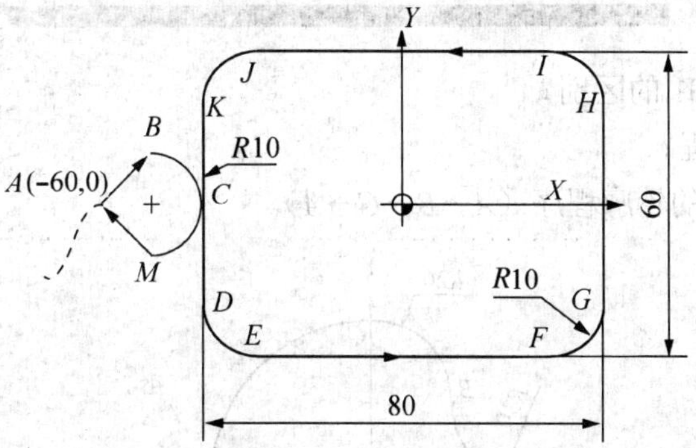

图 3.11　综合实例

解：由题程序为

O0001;（FANUC）	程序名
N10 G54 G17 G40 G49 G90;	程序初始化
N20 M3 S500;	主轴起动
N30 G0 Z30.0 M8;	提刀，切削液开
N40 X-60.0 Y0;	定位 A 点
N50 Z5.0;	快速下刀
N60 G1 Z-5.0 F80;	慢速下刀
N70 X-50.0 Y10.0 F150;	B 点
N80 G2 X-40.0 Y0 R10.0;	C 点
N90 G1 Y-20.0;	D 点
N100 G3 X-30.0 Y-30.0 R10.0;	E 点
N110 G1 X30.0;	F 点
N120 G3 X40.0 Y-20.0 R10.0;	G 点
N130 G1 Y20.0;	H 点
N140 G3 X30.0 Y30.0 R10.0;	I 点
N150 G1 X-30.0;	J 点
N160 G3 X-40.0 Y20.0 R10.0;	K 点
N170 G1 Y0;	M 点
N180 G2 X-50.0 Y-10.0 R10.0;	C 点
N190 G1 X-60.0 Y0;;	A 点
N200 Z5.0;	慢速提刀
N210 G0 Z30.0 M9;	快速提刀，切削液关
N220 M5;	主轴停
N230 M30;	程序结束，并返回

思考与练习

1．简述 G0 与 G1 的区别？

2．整圆怎样编程？

3．写出图 3.12 的轮廓程序（*A*→*B*→*C*→*A*）。

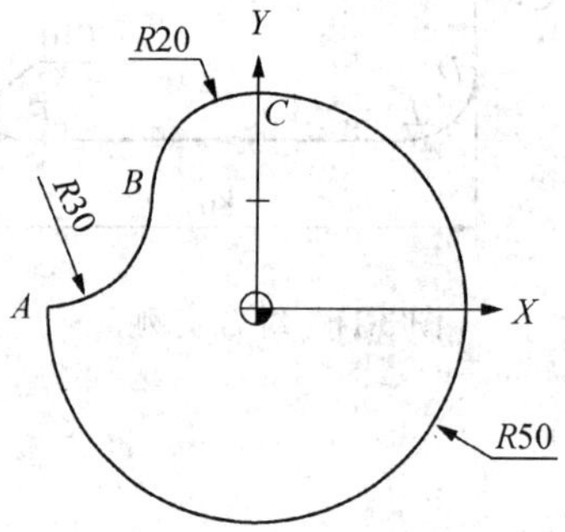

图 3.12

4．写出常用 M 指令的含义。

4

刀具半径补偿功能

教学目标

1. 理解使用刀具半径补偿功能的好处
2. 能正确判别左右补偿方向，掌握其指令格式
3. 掌握刀具半径补偿值的确定与计算方法
4. 能够运用刀具半径补偿功能编制轮廓的加工程序

编程人员为了编程方便，常将刀具假设为一个点，不考虑刀具的半径，直接按走刀路径编程。在实际加工中，由于刀具半径不相同，特别由于刀具磨损，必然会引起加工误差。为了简化、快捷完成粗/精加工轮廓，需用到数控系统的刀具半径补偿功能。

4.1　使用刀具半径补偿功能的优点

1）可以直接按照轮廓或走刀路线编程。
2）避免复杂的数学处理。
3）使用同一加工程序完成轮廓的粗加工、半精加工、精加工。
4）使用同一加工程序完成轮廓在 *XY* 平面内的分层铣削。
5）使用同一加工程序完成阴阳模具、薄壁类零件的加工。

4.2　刀具半径补偿值的含义及其确定

4.2.1　刀具半径补偿值的含义

刀具半径补偿值指加工中刀具中心偏离编程轮廓的法向距离。如图 4.1 所示 offset

值即为刀具半径补偿值。

4.2.2 刀具半径补偿值的确定与计算

如图 4.2 所示，考虑到加工余量 *B*，则有

offset 值=刀具半径+*B*

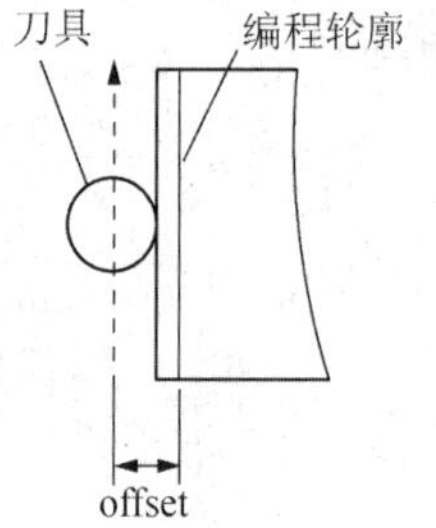

图 4.1 刀具半径补偿值

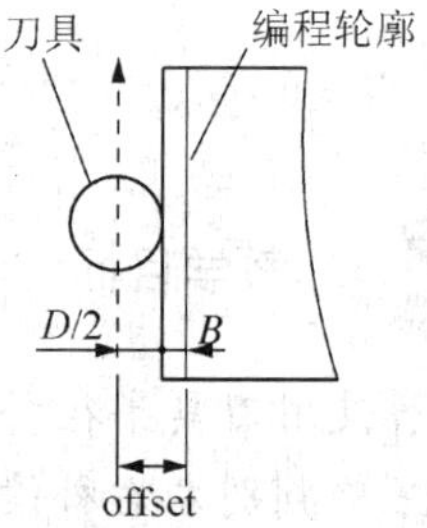

图 4.2 刀具半径补偿值的确定

1. 粗加工

余量 *B*=0.2～0.6mm（单边）

2. 半精加工

余量=0.1～0.2mm（单边）

3. 精加工

offset 值=上次刀补±修正值

修正值=|（测量值－理论值）/ 2|

4. 去多余材料（*XY* 平面分层）

加工宽度为刀具直径的 50%～80%，则

offset 值=粗加工刀补+加工宽度×*N*

式中，*N*——分层次数。

注意：刀具半径补偿值使用上非常灵活，可以取正值、负值，可以根据使用场合取大取小。

【例 1】 双边铣削外轮廓，已知理论值为 100mm，测量值为 100.24mm，半精加工的刀具半径补偿值为 6.1，求该刀具精加工时的刀具半径补偿值。

解：修正值=（100.24−100）/2=0.12。

精加工时的刀具半径补偿值为

offset 值=6.1−0.12=5.98

4.3 刀具半径补偿方向的确定及其指令

刀具半径补偿方向的确定如图 4.3 所示。

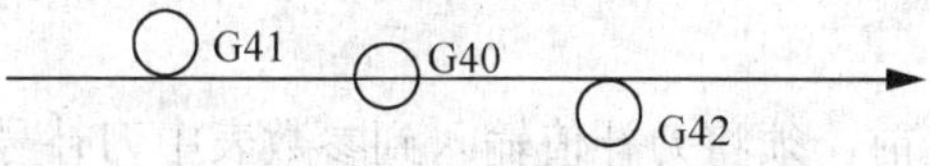

图 4.3 刀具半径补偿方向的确定

1）顺着刀具前进方向看，刀具位于轮廓的左边为左刀补，指令为 G41。

2）顺着刀具前进方向看，刀具位于轮廓的右边为右刀补，指令为 G42。

3）取消刀具半径补偿时的指令为 G40。

4.4 程序段格式

程序段格式如图 4.4 所示。

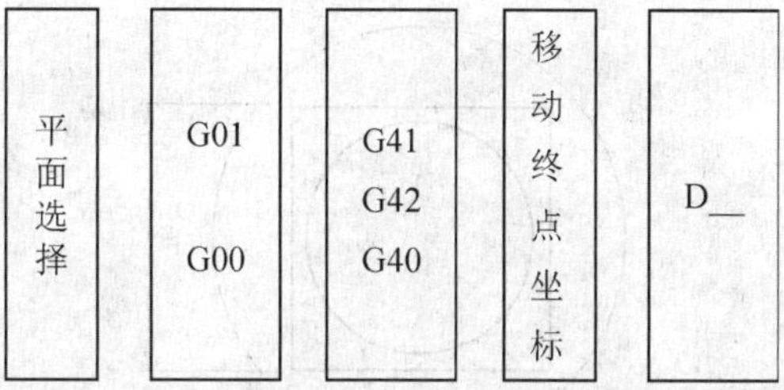

图 4.4 程序段格式

说明：

1）G41/G42、G40 为模态指令，机床初始状态为 G40。

2）建立和取消刀补必须与 G01 或 G00 指令组合完成。

3）移动终点坐标是 G01、G00 运动的目标点坐标。

4）D 为刀补号，它代表了内存中刀具半径补偿的数值。一般有 D00~D99。

4.5 使用刀具半径补偿功能时的注意事项

1）G41/G42/G40 必须与 G01（或 G00）组合使用，不可在 G02/G03 圆弧指令下使用，否则出现报警。

2）刀具在加工平面内必须有移动。

3）刀具半径补偿的指定（G41/G42）与取消（G40）成对使用，且一般放在子程序中。

4）在运行程序加工前，须将刀补值输入到参数表中刀补号对应位置处。

5）在下刀后切入材料前指定，切出材料后提刀前取消。

4.6 使用刀具半径补偿功能的实例

【例 2】 如图 4.5 所示，编制外形轮廓的精加工程序，刀具为 ϕ12 立铣刀。

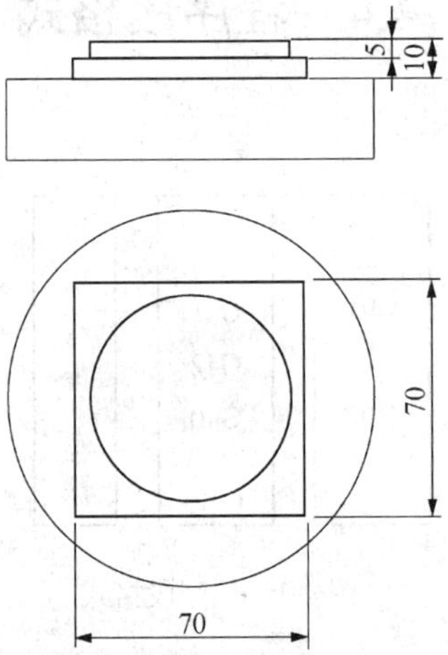

图 4.5 编程实例

解：走刀路径设计如图 4.6 和图 4.7 所示。

选择工件上表面中心为工件坐标系的原点，加工程序如下：

O1；（FANUC）	程序号
G54G17G90G40	程序初始化
G01Z100F2000	提刀

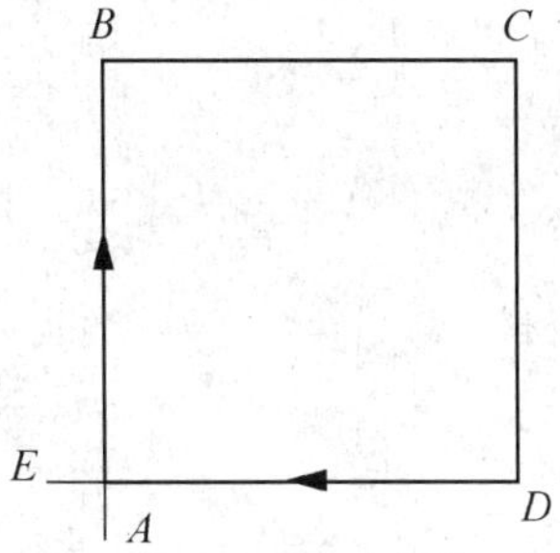

图 4.6　正方形走刀路径

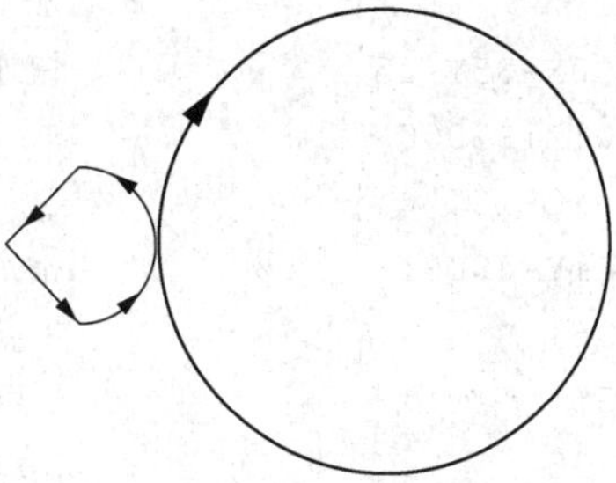

图 4.7　圆形走刀路径

```
M03S800                 主轴正转
N1                      加工正方形
G00X-35Y-45             快速定位至下刀点A
G01Z1F2000
Z-10F100
G41Y-40D01              指定刀具半径左补偿，D01=6.0
Y35                     B点
X35                     C点
Y-35                    D点
X-40
G40X-45                 取消刀具半径补偿至E点
G01Z1F2000              提刀
N2                      加工圆形
G00X-50Y0
G01Z-5F100
G41X-40Y-10D01
G03X-30Y0R10            圆弧切入
G02I30                  全圆
G03X-40Y10R10           圆弧切出
G01G40X-50Y0
Z1
G00Z100
M05
M30

LJX1;(SIEMENS)
G54G17G90G40            程序初始化
T1D1
G01Z100F2000            提刀
M03S800                 主轴正转
```

```
N1                          加工正方形
G00X-35Y-45                 快速定位至下刀点A
G01Z1F2000
Z-10F100
G41Y-40D01                  指定刀具半径左补偿
Y35                         B点
X35                         C点
Y-35                        D点
X-40
G40X-45                     取消刀具半径补偿至E点
G01Z1F2000                  提刀
N2                          加工圆形
G00X-50Y0
G01Z-5F100
G41X-40Y-10D01
G03X-30Y0CR=10              圆弧切入
G02I30                      全圆
G03X-40Y10CR=10             圆弧切出
G01G40X-50Y0
Z1
G00Z100
M05
M02
```

【例3】 铣削图4.8所示外形，高3mm。毛坯为ϕ110×35，粗加工刀具为ϕ16立铣刀。

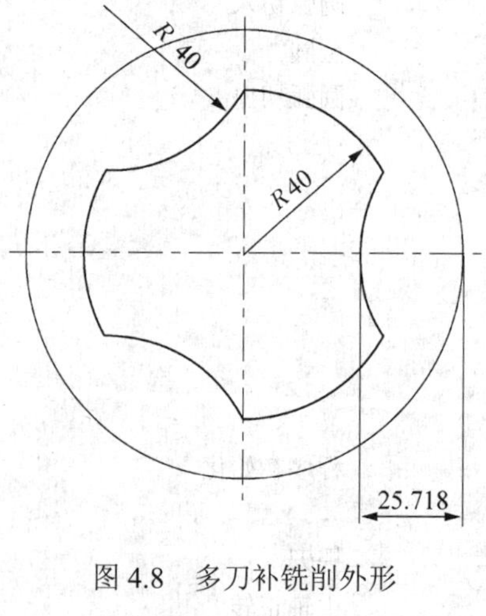

图4.8　多刀补铣削外形

解：外形去材料最窄处为 15，可以按外形轮廓走刀去除。但最宽处为 25.718，需要走两刀才能去除，即 *XY* 平面内须分层铣削。采用的方法之一是使用多刀补值完成，其计算方法如下所述。

行距为

$$25.718/2=12.859 \text{ 取 } 12$$

刀补值为

内层 offset 值=8+0.3=8.3

外层 offset 值=8.3+12=20.3

考虑工件对称性，将工件坐标系的原点设置在工件上表面中心处，粗加工程序如下：

```
02;（FANUC）
G54G17G90G40
G01Z100F2000
M03S800
G00X-70Y0
G01Z-3F100
G41X-65Y-25D01                    铣削外层，D01=20.3
G03X-40Y0R25
G02X-34.64Y20R40
G03X0Y40R40
G02X34.64Y20R40
G03Y-20R40
G02X0Y40R40
G03X-34.64Y-20R40
G02X-40Y0R40
G03X-65Y25R25
G01G40X-70Y0
G41X-50Y-10D11                    铣削内层，D11=8.3
G03X-40Y0R10
G02X-34.64Y20R40
G03X0Y40R40
G02X34.64Y20R40
G03Y-20R40
G02X0Y40R40
G03X-34.64Y-20R40
G02X-40Y0R40
G03X-50Y10R10
G01G40X-60Y0
Z1
```

```
G00Z100
M05
M30

LJX2;(SIEMENS)
G54G17G90G40
T1D1
G01Z100F2000
M03S800
G00X-70Y0
G01Z-3F100
G41X-65Y-25D01                    铣削外层，D01=20.3
G03X-40Y0CR=25
G02X-34.64Y20CR=40
G03X0Y40CR=40
G02X34.64Y20CR=40
G03Y-20CR=40
G02X0Y40CR=40
G03X-34.64Y-20CR=40
G02X-40Y0CR=40
G03X-65Y25CR=25
G01G40X-70Y0
G41X-50Y-10D2                     铣削内层，D2=8.3
G03X-40Y0CR=10
G02X-34.64Y20CR=40
G03X0Y40CR=40
G02X34.64Y20CR=40
G03Y-20CR=40
G02X0Y40CR=40
G03X-34.64Y-20CR=40
G02X-40Y0CR=40
G03X-50Y10CR=10
G01G40X-60Y0
Z1
G00Z100
M05
M30
```

思考与练习

1．使用刀具半径补偿功能有哪些好处？

2．*XY* 平面内分层铣削时的刀具半径补偿值怎么确定？

3．使用刀具半径补偿功能编制图 4.9 的加工程序。

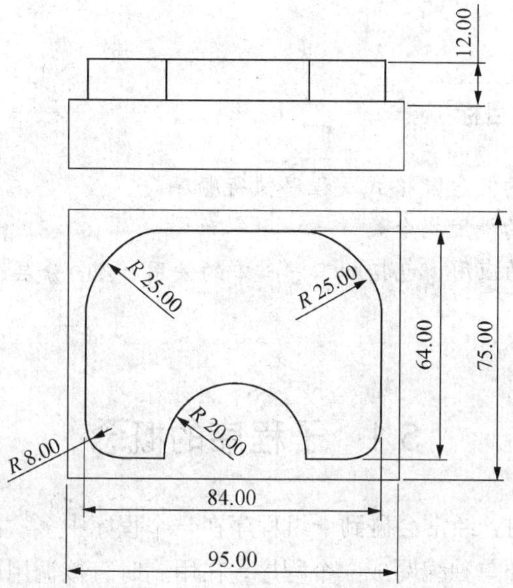

图 4.9　编程练习图样

5

子 程 序

教学目标

1. 理解子程序的概念、格式及程序执行顺序
2. 掌握子程序的调用指令
3. 掌握子程序的应用，包括加工中心中的使用、*Z* 向分层、*XY* 平面内分层及批量加工等

5.1 子程序的概念

在编写加工程序时，经常会碰到一组程序在一个程序中多次出现或重复，对于这部分程序可以拿出来另外单独编写成一个程序，在用到时直接调用即可。单独编写的这个程序称为子程序，而原来的程序叫主程序或者叫上一级子程序。例如，图 4-5 对应的加工程序可以作如下变换：

```
O1;（主程序）
N10G54G17G90G40            程序初始化
N20G01Z100F2000            提刀
N30M03S800                 主轴正转
N40G00X-35Y-45             快速定位至下刀点 A
N50G01Z1F2000
N60Z-10F100
N70M98P1000                调用 O1000 子程序加工正方形轮廓
N80G01Z1F2000              提刀
N90G00X-50Y0
N100G01Z-5F100
N110M98P2000               调用 O2000 子程序加工圆形轮廓
N120Z1
```

```
N130G00Z100
N140M05
N150M30

O1000（正方形轮廓子程序）
G41Y-40D01          指定刀具半径左补偿，D01=6.0
Y35                 B点
X35                 C点
Y-35                D点
X-40
G40X-45             取消刀具半径补偿至E点
M99                 子程序结束，返回到主程序

O2000（圆形轮廓子程序）
G41X-40Y-10D01
G03X-30Y0R10        圆弧切入
G02I30              全圆
G03X-40Y10R10       圆弧切出
G01G40X-50Y0        取消刀具半径补偿
M99                 子程序结束，返回到主程序
```

原加工程序中加工正方形轮廓的程序部分另外编制成一个程序O1000，加工圆形轮廓的程序部分另外编制成一个程序O2000，O1000和O2000称为子程序，而原来的O1则称为主程序。

5.2 子程序的格式及其调用

5.2.1 子程序的格式

子程序与主程序差不多，格式上基本相同，即均有程序号（程序名称）、各程序段和结束部分。与主程序比较，不同之处如下：

1）子程序的准备部分常常省略，因为主程序中已经指定，无需重复。

2）结束指令不同：主程序常用M30（FANUC系统）或M02（SIEMENS系统）结束，而子程序则用M99（FANUC系统）或M02、M17或RET（SIEMENS系统）结束。

5.2.2 子程序的调用指令

1. FANUC 系统

调用指令是 M98，其格式为 M98PnnnnL**或 M98P**nnnn。其中 P，后的“nnnn”表示子程序号数，“**”表示调用子程序的次数。

例如，M98P1000 表示调用子程序 O1000 一次；M98P30020 表示调用子程序 O20 两次。M98P30L5 表示调用子程序 O30 五次。

注意：使用格式 M98P**nnnn 时，若子程序号不足四位数字，必须补全四位，M98P30020 如果写成 M98P320 则表示调用子程序 O320 一次，容易出现事故。

2. SIEMENS 系统

SIEMES 系统的格式为：程序名称 P**。

LJX1 P4 表示调用子程序 LJX1 四次。

注意：程序名称与调用次数之间必须空一格。如果调用一次，则可以省略次数，不用书写。

5.3 子程序的执行顺序

程序的执行顺序应特别注意，它直接关系到走刀路径。

在正常情况下，从主程序开始执行。当执行到调用子程序指令时，数控机床就按子程序进行工作，执行完后，又返回到主程序，接着执行调用子程序后的程序段，如图 5.1 所示。

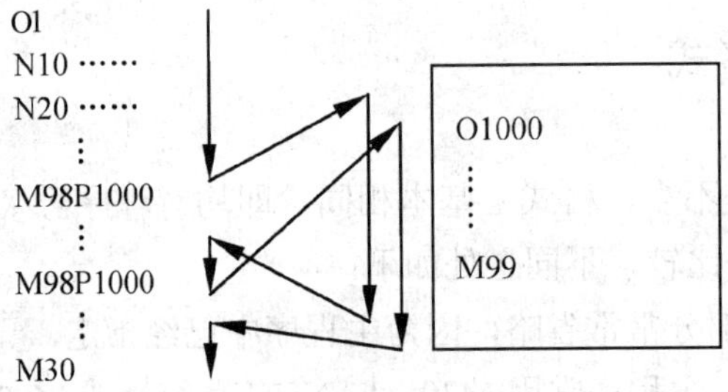

图 5.1 主程序与子程序的执行顺序

子程序不仅可以在主程序中调用，同时子程序也可以调用子程序，这就是子程序嵌套，如图 5.2 所示。使用子程序嵌套，可使程序层次清晰，但不要过多，一般可以达四级。

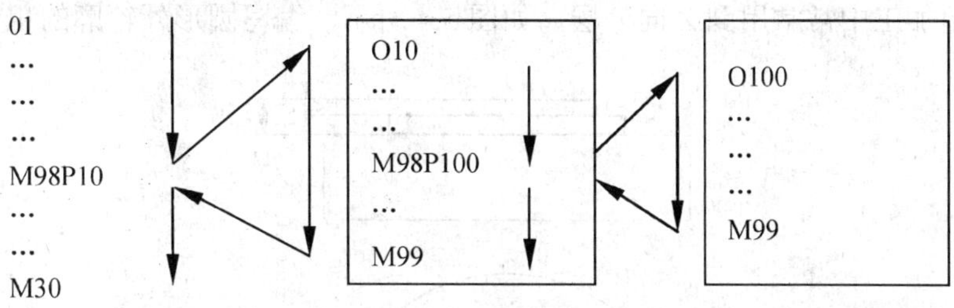

图 5.2　子程序的嵌套

子程序可以连续多次调用，以 SIEMENS 系统为例，如图 5.3 所示。

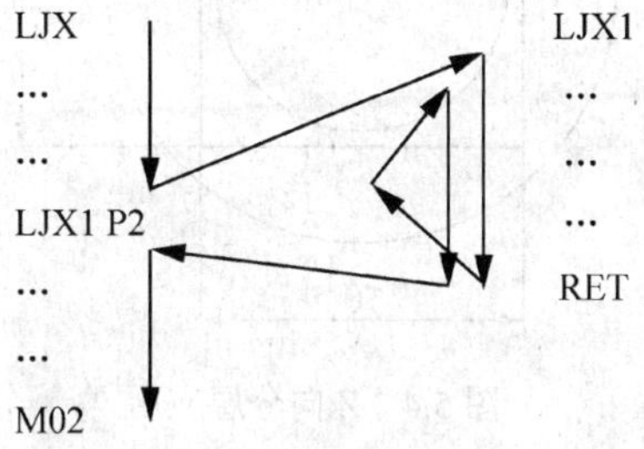

图 5.3　子程序的连续多次调用

5.4　子程序的应用

1. 子程序的处理

加工中心中为了使主程序简洁明了，常常作如下处理：

```
O6789（主程序）
M06T1
M98P1
M06T2
M98P2
…
…
M30
```

其子程序就如同平时编写的主程序，包含初始化指令、准备部分、加工部分、结束部分等。

2. *Z*向分层

产品粗加工中常常用到*Z*向分层，如图5.4所示，编写圆形外轮廓的粗加工程序。

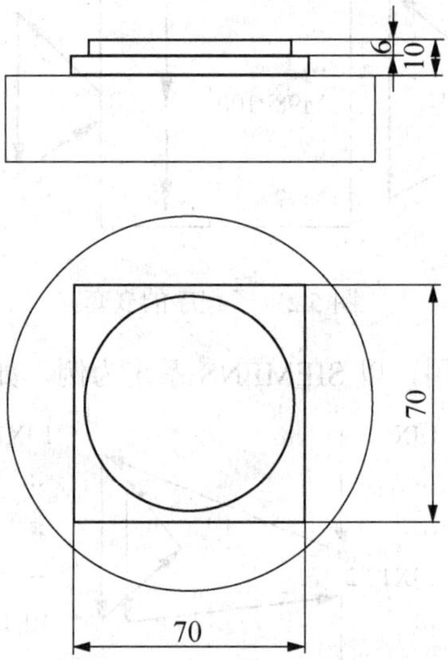

图5.4 *Z*向分层应用

分析：待加工的圆形外轮廓凸台高 5mm，为了减少切削力，将其分为两层加工，每层切深2.5 mm。此时必须用G91增量下刀。加工程序如下：

```
O2（主程序）
G54G17G90G40                    程序初始化
G01Z100F2000                    提刀
M03S600                         主轴正转
G00X-50Y0                       XY平面下刀点定位
  G01Z0F2000                    下刀到Z0
  M98P20200                     调用O200子程序两次
  G01Z100F2000
  M05
  M30

  O200（下刀子程序）
  G91G01Z-2.5F100               增量下刀，每次下刀2.5 mm
  G90
  M98P2000D01                   调用圆形轮廓子程序
  M99                           子程序结束，返回到主程序
```

```
O2000（圆形轮廓子程序）
G41X-40Y-10                    指定刀具半径左补偿
G03X-30Y0R10                   圆弧切入
G02I30                         全圆
G03X-40Y10R10                  圆弧切出
G01G40X-50Y0                   取消刀具半径补偿
M99                            子程序结束，返回到下刀子程序
```

3. *XY* 平面分层

铣削图 5.5 所示外形，其高为 3mm。毛坯为 $\phi110\times35$，粗加工刀具为 $\phi16$ 立铣刀。

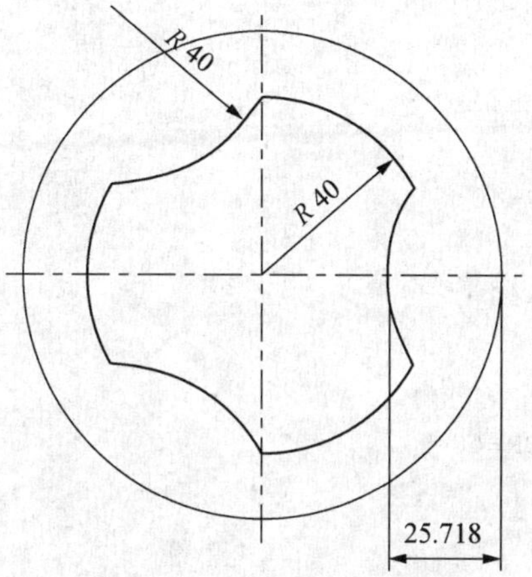

图 5.5　多刀补铣削外形

分析：外形去材料最窄处为 15，可以按外形轮廓走刀去除。但最宽处为 25.718，需要走两刀才能去除，即 *XY* 平面内须分层铣削。采用的方法之一是使用多刀补值完成，其计算方法如下：

行距为

$$25.718/2=12.859\text{，取 }12$$

刀补值为

$$\text{内层 offset 值}=8+0.3=8.3=D1$$

$$\text{外层 offset 值}=8.3+12=20.3=D2$$

考虑工件对称性，将工件坐标系的原点设置在工件上表面中心处，粗加工程序如下：

```
LJX2;(SIEMENS)
G54G17G90G40
T1D1
G01Z100F2000
```

```
M03S500
G00X-70Y0
Z5
G01Z-3F100
D2
L2000
D1
L2000
G01Z100F2000
M05
M02

L2000
G41X-65Y-25
G03X-40Y0CR=25
G02X-34.64Y20CR=40
G03X0Y-40CR=40
G02X34.64Y20CR=40
G03Y-20CR=40
G02X0Y40CR=40
G03X-34.64Y-20CR=40
G02X-40Y0CR=40
G03X-65Y25CR=25
G01G40X-70Y0
RET
```

4. 批量加工

一次装夹完成多个相同零件的加工时，可以只编写一个轮廓的加工程序，其他的则通过主程序调用子程序来加工。当同一个零件上有相同的轮廓时，也可如此考虑编程。

5.5 使用子程序的注意事项

1）在 *Z* 向分层编程时，由于使用了 G91，注意 G90 与 G91 的变换。

2）在 *XY* 平面分层编程时，由于使用了多个刀具半径补偿值，注意空刀量是否过多，一般不能超过两个刀补值。

3）G41/G42 与 G40 一般放在子程序中，否则有些数控系统会报警。

■ 思考与练习

1．子程序应用于哪些场合？

2．怎么调用子程序？

3．使用刀具半径补偿功能和子程序（Z 向分层）编制图 5.6 的粗加工程序。

4．加工如图 5.7 所示的零件外轮廓，高 12mm。要求 XY 平面内分层，并使用子程序。

5．批量加工编程，如图 5.8 所示。

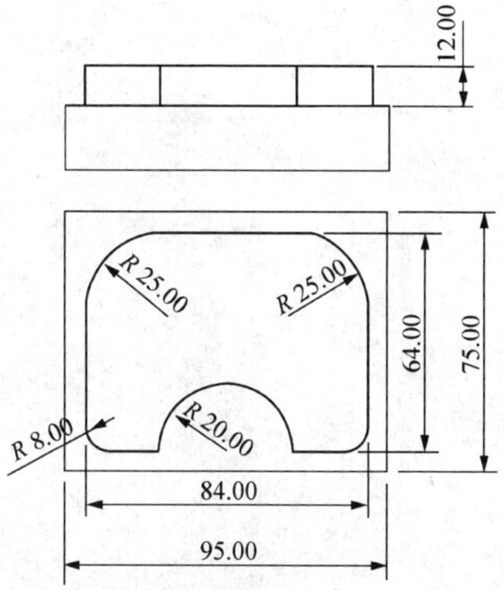

图 5.6　编程练习图样 1

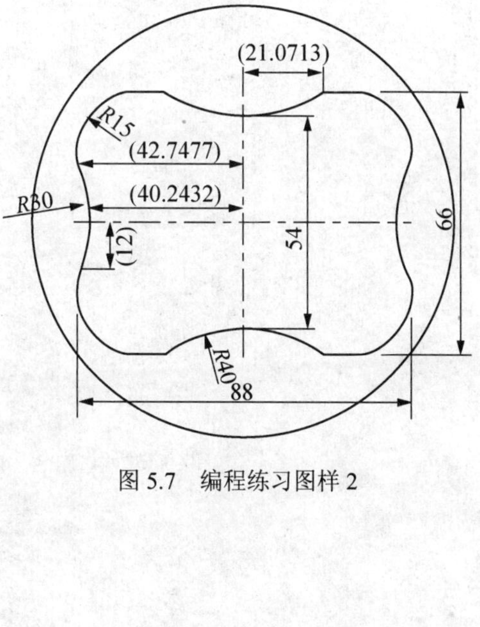

图 5.7　编程练习图样 2

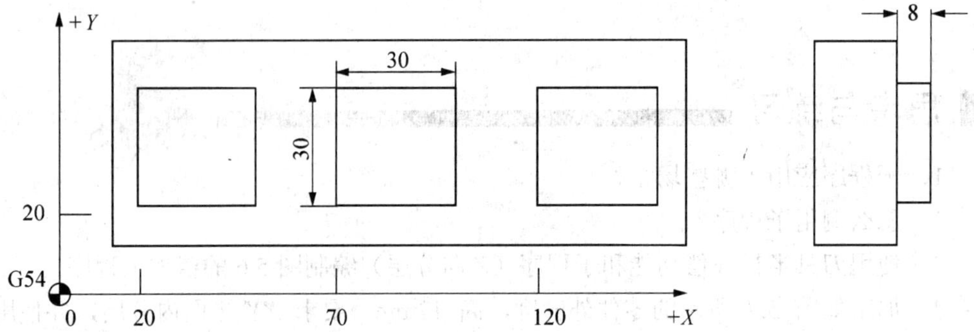

图 5.8　编程练习图样 3

6

型腔的编程方法与技巧

教学目标

1. 懂得型腔加工中三种下刀方式的选择方法及其应用场合
2. 能够编制圆形槽、矩形槽、异型槽及带岛屿槽的加工程序
3. 会设计型腔粗加工中去残料的走刀路径

型腔俗称为槽，是铣削加工中很重要的一项内容。

6.1 型腔的加工内容

型腔加工，包括下列两项内容：

1）粗加工。去除型腔轮廓内的所有材料（残料），需要自行设计走刀路径，是加工难点。

2）精加工。可以按外形轮廓铣削编程，程序较简单，但需要考虑是否引起过切现象。图 6.1～图 6.3 所示是典型的槽结构形式及其精加工刀路设计，图中采用了最常用的圆弧切入/切出方式。

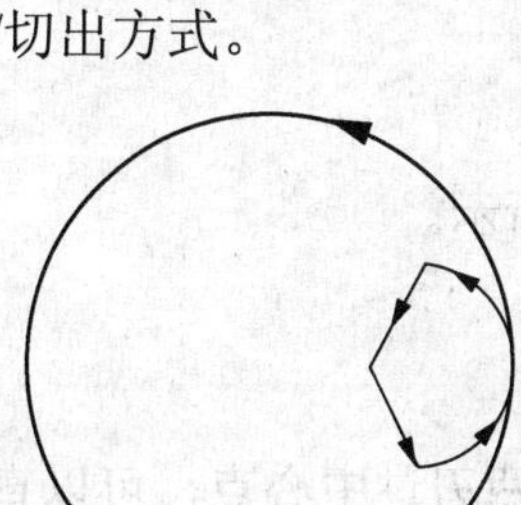

图 6.1 圆形槽

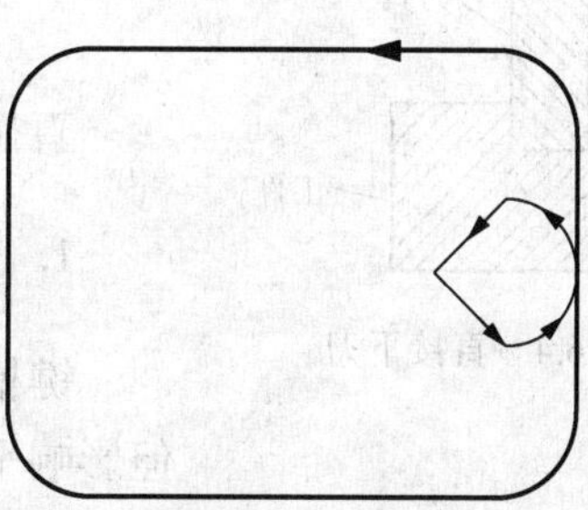

图 6.2 矩形槽

（1）圆形槽

圆形槽如图 6.1 所示。

（2）矩形槽

矩形槽如图 6.2 所示。

（3）岛屿槽

岛屿槽如图 6.3 所示。图中两个轮廓均需要设计精加工刀路。

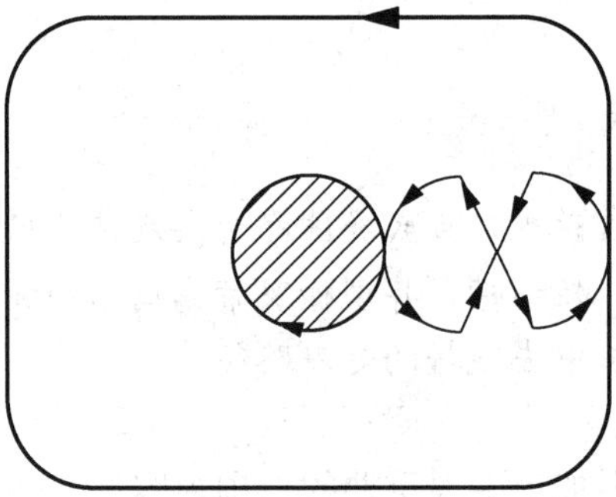

图 6.3　岛屿槽

6.2 下刀方式

型腔加工不同于外轮廓加工，外轮廓加工时可以使用平底刀直接在材料外侧下刀，而型腔加工时是直接在材料内部下刀，它对刀具有一定的要求。

型腔加工的下刀方式有下列三种方式。

6.2.1 直接下刀

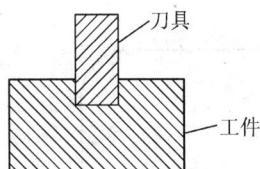

图 6.4　直接下刀

直接下刀方法如图 6.4 所示。

1. 使用键槽铣刀

键槽铣刀具有底刃，且两刃过中心点，可以直接下刀，但影响平面内的切削效率。

2. 使用平底立铣刀

平底立铣刀没有底刃，不能直接下刀。解决的办法是用键槽铣刀预先铣一个下刀孔，再换平底立铣刀从下刀孔下刀。这样可以提高加工效率。

直接下刀只有 Z 轴单方向的移动。程序格式为

```
G01Z_;
```

6.2.2 斜线下刀

斜线下刀如图 6.5 所示。斜线下刀属于两轴联动下刀，即 Z 轴与 XY 平面内一轴的同时移动。斜线下刀时需要注意以下几点。

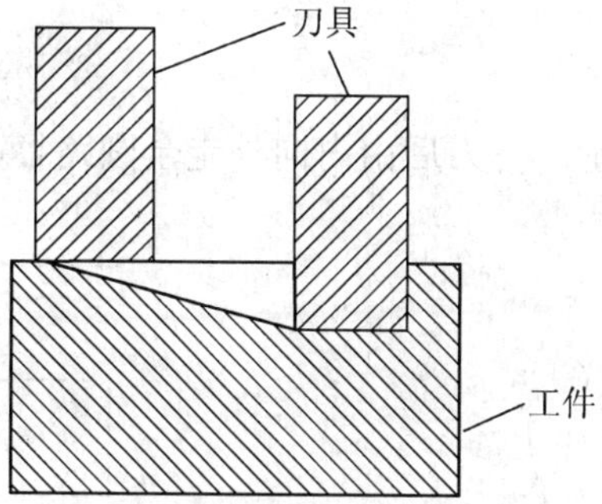

图 6.5 斜线下刀

1. 斜度的大小

斜度一般取 3°～5° 折算为长度比约为 1 : 10，即 Z 向每下刀 1mm，平面内移动距离约为 10 mm。

2. 留有“斜坡”

留有“斜坡”时，需要考虑回拉去除，即在 XY 平面内多走一刀。程序格式为

```
G01Z_X_（或Y_）;
   X_（或Y_）;
```

6.2.3 螺线下刀

螺线下刀属于三轴联动下刀，程序格式为

```
G02X_Y_Z_I_J_
```

三种下刀方式中，直接下刀程序简单，效率高，但需要两把刀具。螺线下刀程序复杂，效率低。斜线下刀综合了两者的优点，较为常用。

6.3 粗加工走刀路线

走刀路线就是刀具在整个加工工序中的运动轨迹，它不但包括了工步的内容，也反映出工步顺序。走刀路线是编写程序的依据。确定走刀路线时应注意寻求最短加工路线。

型腔粗加工常用的走刀路线包括下列两种。

6.3.1 环形走刀

环形走刀，如图 6.6 所示。下刀后由内向外走全圆路径，一般不需要光刀。

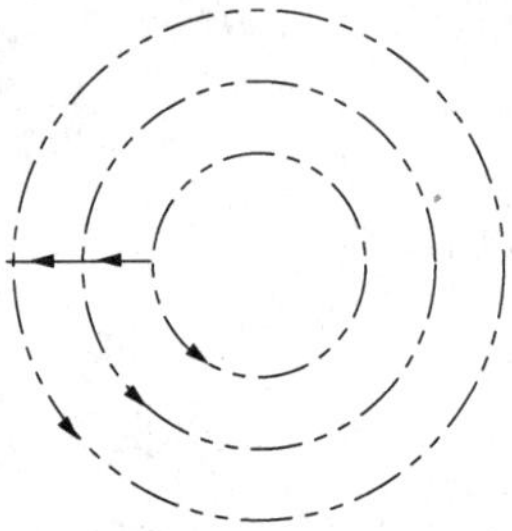

图 6.6 环形走刀

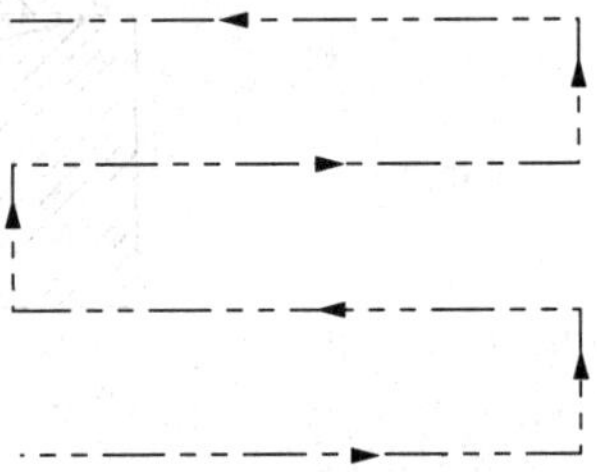

图 6.7 往复走刀

6.3.2 往复走刀

往复走刀如图 6.7 所示。类似于平面铣削，一般用 G91 编程。其缺点是两侧留有残料，必须光刀。

6.4 编 程 实 例

6.4.1 圆形型腔

【例 1】 加工圆形槽ϕ60，深 3mm，刀具为ϕ14 的平底刀。

解：

1）确定走刀范围。将型腔轮廓内偏移 7.3mm（刀具半径+余量）。

2）下刀方式。选用斜线下刀，按 1∶10 的比例确定 *XY* 平面内的移动距离为 30 mm。

3）行间距。取 *B*=10.7 mm。

4）走刀路线。选用环形走刀，确定全圆的半径分别为 $R12$、$R22.7$。

工件坐标系设置于工件上表面中心处。粗加工程序如下：

```
O1（FANUC）
G54G17G90G40
G01Z100F2000
M03S500
G00X-22.7Y0               平面内定位下刀点
G01Z0.1F1000              Z 向定位下刀点
G91X45.4Z-3.1F40          增量斜线下刀
G90X-12                   全圆起点
G03I-12F100               R12 全圆
G01X-22.7                 全圆起点
G03I-22.7                 R22.7 全圆
G01Z100F2000
M05
M30
```

6.4.2 矩形型腔

【例 2】 加工矩形槽 80×60（圆角 $R10$），深 6mm，刀具为 $\phi16$ 的平底刀。

解：

1）确定走刀范围。将型腔轮廓内偏移 10mm。

2）下刀方式。选用斜线下刀，XY 平面内的移动距离为 60mm。Z 向分两层加工，每层 3 mm。

3）行间距。取 B=12 mm。

4）走刀路线。如图 6.8 所示，选用往复走刀，并进行光刀。

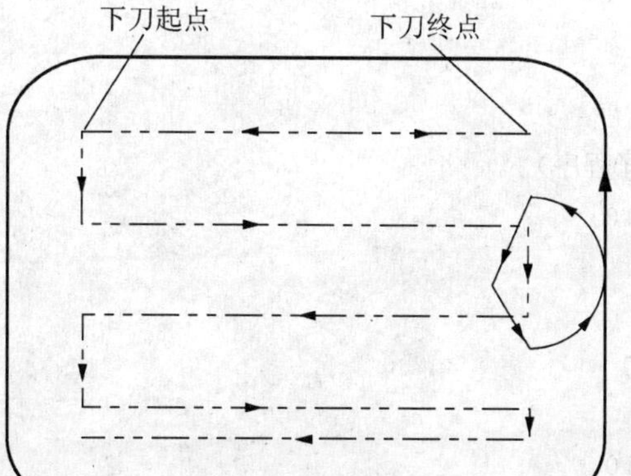

图 6.8 矩形槽实例

工件坐标系设置于工件上表面中心处。粗加工程序如下：

```
O2；（主程序）
G54G17G90G40
G01Z100F2000
M03S400
G00X-30Y20
G01Z0F1000
M98P20020
G01Z100F2000
M05
M30
O20；（下刀子程序）
G91G01X60Z-3F40
X-60
M98P200F100
G90G01X25Y0
D01M98P2000
G01X-30Y20
M99
O200；（往复走刀子程序）
G91G01Y-12
X60
Y-12
X-60
Y-12
X60
Y-4
X-60
M99
O2000；（轮廓子程序）
G01G41X30Y-10
G03X40Y0R10
G01Y20
G03X30Y30R10
G01X-30
G03X-40Y20R10
G01Y-20
G03X-30Y-30R10
```

```
G01X30
G03X40Y-20R10
G01Y0
G03X30Y10R10
G01G40X25Y0
M99
```

6.4.3 带岛屿型腔

【例 3】 粗加工图 6.9 所示的带岛屿槽。

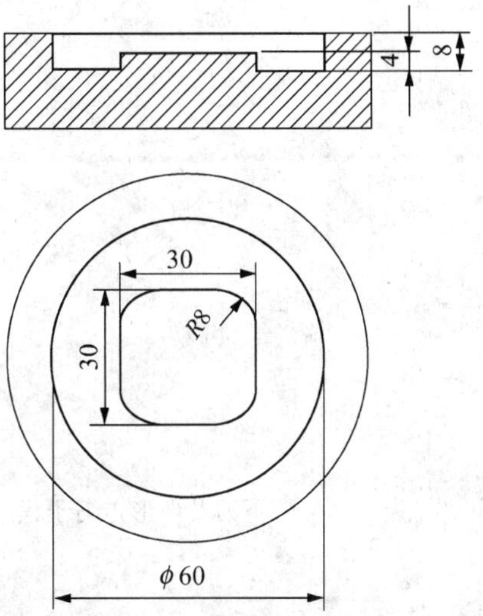

图 6.9 带岛屿槽实例

解：

1）确定走刀范围及其走刀路线。岛屿部分（深 4 mm）是圆形轮廓与方形轮廓组合而成的槽——“异形槽”，编程时必须考虑不能过切两个轮廓。异形槽的空间较小，且各处去残料的宽度不一致，选用合适的刀具直接通过刀具半径补偿走轮廓即可。而图中方形岛屿上方（深 4 mm）材料，按有界平面往复走刀去除。

2）刀具选择。首先计算异形槽最窄处与最宽处的宽度。最窄处的宽度为

$$L_1=60/2-15/\sin45°+8\times（1/\sin45°-1）=12.102$$

最宽处的宽度为

$$L_2=（60-30）/2=15$$

考虑粗加工余量，异形槽处应该选用 ϕ10 的平底立铣刀加工，并用 ϕ14 的键槽铣刀预先铣一个下刀孔。

3）下刀方式。选用直接下刀，下刀点为 *X*22.5*Y*0 处。

4）行间距。行间距取 *B*=8 mm。

工件坐标系设置于工件上表面中心处。粗加工程序如下：

```
O3;                                 主程序
G54G17G90G40
G01Z100F2000
M03S600
G00X22.5Y0
G01Z1
Z0F100
M98P20031
G01Z0
M98P40032
G90G01Z-4
M98P20033
G90G01Z100F2000
M05
M30

O31                                    下刀及环形走刀子程序
G91G01Z-2
G90X-8
G03I8
G01X-22.5
G03I22.5
G01G90X22.5
M99

O32                                    φ60 轮廓下刀子程序
G91G01Z-2
D01M98P3100;（D01=5.3）
M99

O3100（Φ60 轮廓子程序）
G01G41X2Y-5.5
```

```
G03X5.5Y5.5R5.5
I-30
G03X-5.5Y5.5R5.5
G01G40X-2Y-5.5
M99
O33（岛屿下刀子程序）
G91G01Z-2
D01M98P3200；（D01=5.3）
M99

O3200（岛屿轮廓子程序）
G01G41X-2Y5.5
G03X-5.5Y-5.5R5.5
G01Y-7
G02X-8Y-8R8
G01X-14
G02X-8Y8R8
G01Y14
G02X-8Y8R8
G01X14
G03X8Y-8R8
G01Y-7
G03X5.5Y-5.5R5.5
G01G40X2Y5.5
M99
```

■ 思考与练习

1．型腔加工中有哪些下刀方式？各有何优缺点？

2．型腔加工中平面内走刀方式有哪两种？使用中应注意什么事项？

3．编制图 6.10 所示型腔（深 6mm，要求 *Z* 向分层）。

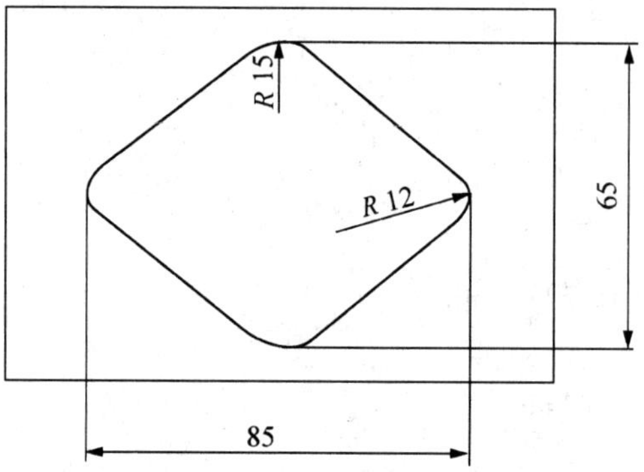

图 6.10　型腔编程练习

7

孔加工指令

教学目标

1. 懂得孔加工固定循环的动作过程
2. 掌握常用孔加工指令 G81/G73/G85/G84/G87 等的程序格式及其相关参数的含义
3. 会编写点钻、钻孔、铰孔、镗孔、攻丝的加工程序

应用孔加工固定循环功能，只需一个程序段即可完成其他方法需要多个程序段才能完成的孔加工。

7.1 概　　述

7.1.1 孔加工固定循环的动作过程

孔加工固定循环的动作如图 7.1 所示，包括下列 6 个顺序动作过程：*XY* 平面内快速定位；*Z* 向快速接近工件至 *R* 点；工进孔加工；孔底动作；返回至 *R* 点；快速返回至初始点。

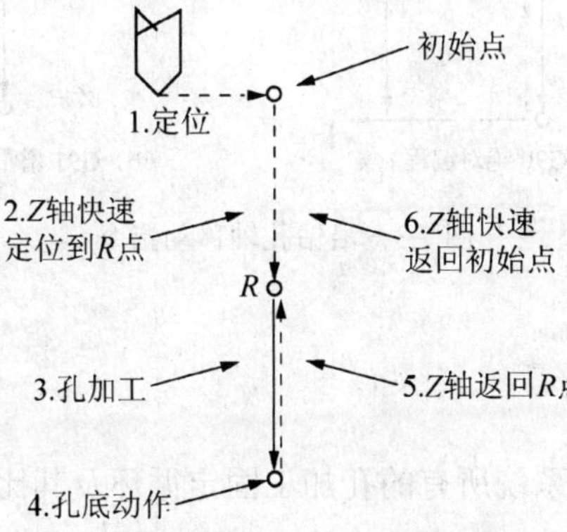

图 7.1　孔加工固定循环的动作过程

7.1.2 返回点指令 G98/G99

G98、G99 分别指定孔加工完成后返回至初始点、*R* 点，如图 7.2 所示。

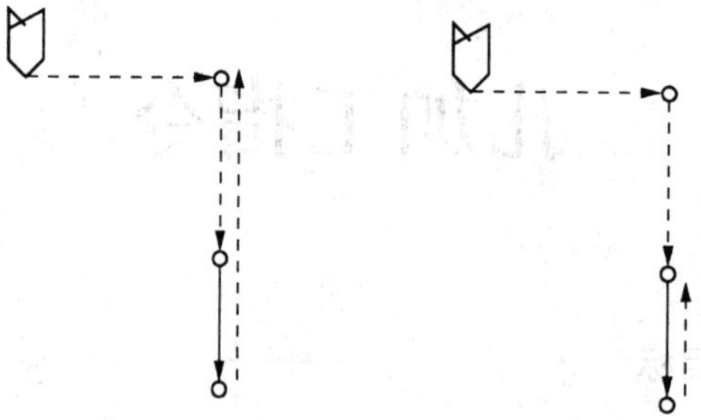

（a）G98 返回至初始点　　（b）G99 返回至 *R* 点

图 7.2 返回点指令

当被加工孔位于同一个平整的水平面上时，选用 G99。如果中间有凸台，则选用 G98，防止刀具与工件发生碰撞。

7.1.3 沿钻孔轴移动指令 G90/G91

G91 属于增量编程指令，使用中应特别注意，如图 7.3 所示。

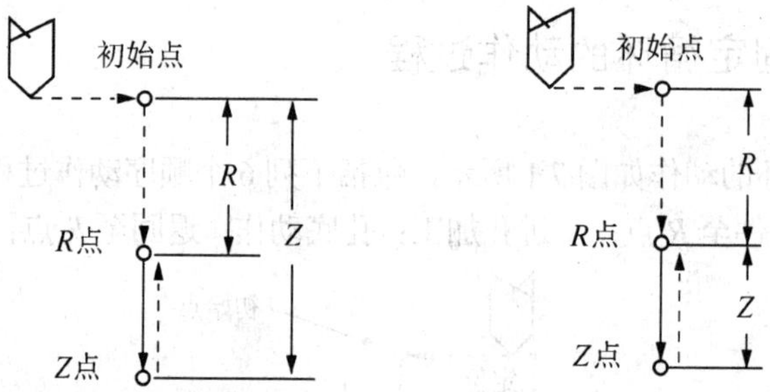

（a）G90 绝对编程　　（b）G91 增量编程

图 7.3 沿钻孔轴移动指令

7.1.4 孔加工方式

表 7.1 列出了 FANUC 系统所有的孔加工固定循环及其比较。

表7.1 孔加工固定循环及其比较

G代码	加工进给	孔底动作	返回	应用
G73	分次，切削进给		快速	排屑，深孔钻
G74	切削进给	暂停，主轴正转	切削进给	左螺纹攻丝
G76	切削进给	主轴定向，让刀	快速	精镗
G80				取消
G81	切削进给		切削进给	点钻，浅孔钻
G82	切削进给	暂停，主轴正转	切削进给	锪孔或粗镗
G83	分次，切削进给		切削进给	断屑，深孔钻
G84	切削进给	暂停，主轴反转	切削进给	右螺纹攻丝
G85	切削进给		切削进给	镗削
G86	切削进给	主轴停	切削进给	镗削
G87	切削进给	主轴正转	切削进给	反镗削
G88	切削进给	暂停，主轴停	手动	镗削
G89	切削进给	暂停	切削进给	镗削

7.1.5 程序段格式

```
G__X__Y__Z__R__Q__P__F__L__
```

表7.2说明了各指令的含义。

表7.2 各指令的含义

指　令	含　义
孔加工方式G	参考表7.1
位置参数X、Y、Z	X、Y指定孔平面位置，Z指定孔底位置
R	快速接近工件时的间隙值
Q	G73、G83指每次钻削深度，G76、G87指偏移量
P	暂停时间，单位为毫秒
F	进给量
L（或K）	重复次数

7.2 常用孔加工方式的程序段

1. 点钻，浅孔钻G81

G81的格式为

```
G81X__Y__Z__R__F__
```

2. 深孔钻 G73/G83

G73/G83 格式为

```
G73（G83）X__Y__Z__R__Q__F__
```

G73——每钻削一个 Q 深度后，快速回退距离 d，用于易排屑的场合。G83——每钻削一个 Q 深度后，快速回退至 R 点，用于不易断屑的场合。

两者的动作过程比较如图 7.4 所示。

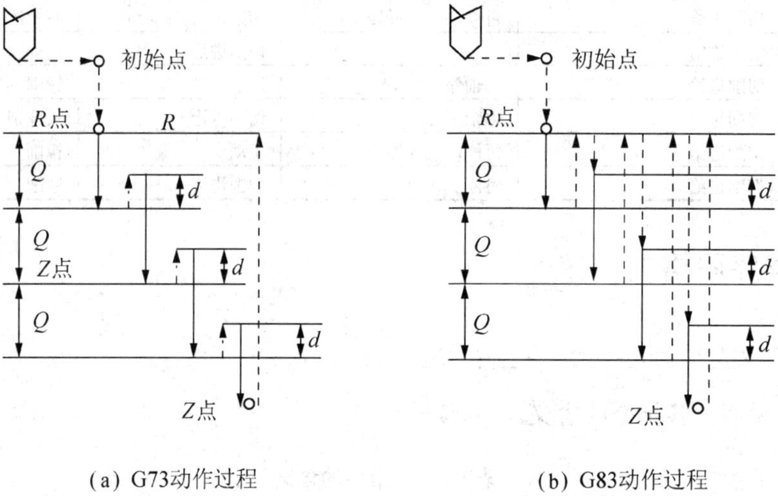

图 7.4 深孔钻 G73 与 G83 的动作过程比较

3. 镗削（铰削）G85

G85 的格式为

G85X__Y__Z__R__F__

以工进进给量返回至 R 点时孔表面质量较好。

4. 攻丝 G84/G74

G84/G74 的格式为

G84（G74）X__Y__Z__R__F__

注意：攻丝进给量

$$F=S\times P$$

式中，S 为主轴转速，P 为螺距。

两者的动作过程比较如图 7.5 所示。

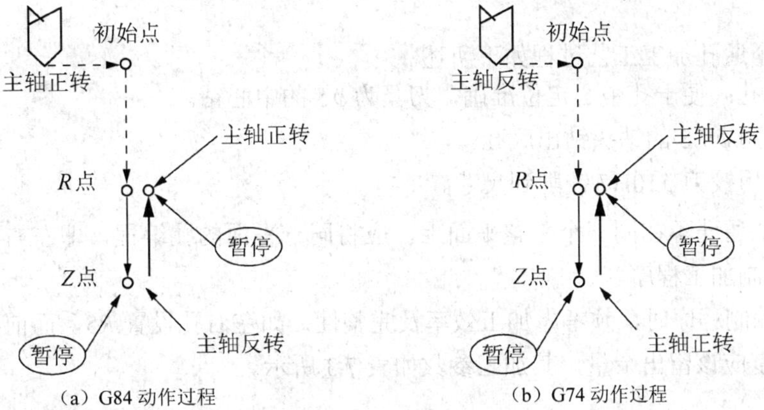

图 7.5 右攻丝 G84 与左攻丝 G74 的动作过程比较

5. 反镗削 G87

G87 的格式为

```
G87X__Y__Z__R__F__
```

注意：*R* 点比 *Z* 点低，其动作过程如图 7.6 所示。

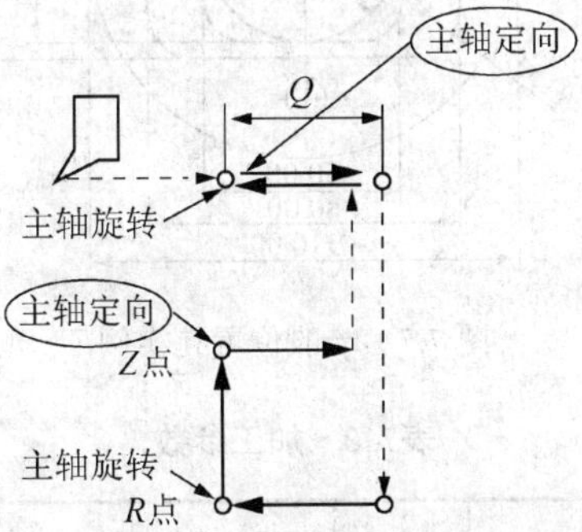

图 7.6 反镗削 G87 动作过程

7.3 编 程 实 例

7.3.1 一般位置孔

【例 1】 加工如图 7.7 所示四个通孔 ϕ10H7，工件厚度为 30mm。

解：

1）四个通孔加工工艺过程如下所述。

钻中心孔：便于孔中心定位准确，刀具为$\phi 5$的中心钻。

钻孔：用$\phi 9.8$的钻头钻出底孔。

铰孔：用铰刀$\phi 10H7$铰削到尺寸。

2）四个通孔不在同一个平整平面上，应将同一平面的孔编程，即左右两孔、前后两孔分别编制加工程序。

3）在编制程序时，须考虑加工效率及完整性，如左右孔设置$R5$，而前后孔设置为$R-10$。深度应该留出余量，其加工参数如表7.3所示。

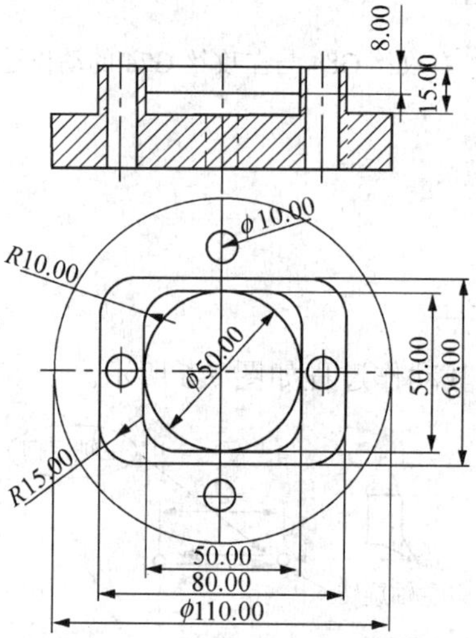

图7.7　一般位置孔实例

表7.3　加工参数

刀具号	刀具类型及规格	S/（r/min）	F/（mm/min）	加工深度
T1	$\phi 5$中心钻	1000	30	6
T2	$\phi 9.8$钻头	400	80	44
T3	$\phi 10H7$铰刀	200	30	43

工件坐标系设置于工件上表面中心处。加工程序如下：

```
O11（钻中心孔）
G54G17G40G49G80
M06T1
G01Z100F2000
M03S1000
```

```
Z20                                 定义初始平面
G00X-60Y0                           定位于左孔的左侧
G99G81X-32.5Y0Z-6R5F30              加工左孔
X32.5                               加工右孔
G80                                 取消孔加工固定循环
X0Y-60                              定位于后孔的后侧
G98G81X0Y-42.5Z-21R-10F30           加工后孔
Y42.5                               加工前孔
G80                                 取消孔加工固定循环
M05
M30
```

O12（钻孔）

```
G55G17G40G49G80
M06T2
G01Z100F2000
M03S400
Z20
G00X-60Y0
G99G73X-32.5Y0Z-44R5Q6F80
X32.5
G80
X0Y-60
G98G73X0Y-42.5Z-44R-10Q6F80
Y42.5
G80
M05
M30
```

O13（铰孔）

```
G56G17G40G49G80
M06T3
G01Z100F2000
M03S200
Z20
G00X-60Y0
G99G85X-32.5Y0Z-43R5F30
X32.5
G80
X0Y-60
```

```
G98G85X0Y-42.5Z-43R-10F30
Y42.5
G80
M05
M30
```

7.3.2 线性均布孔

【例 2】 加工如图 7.8 所示六个孔 ϕ10，深度为 30mm。

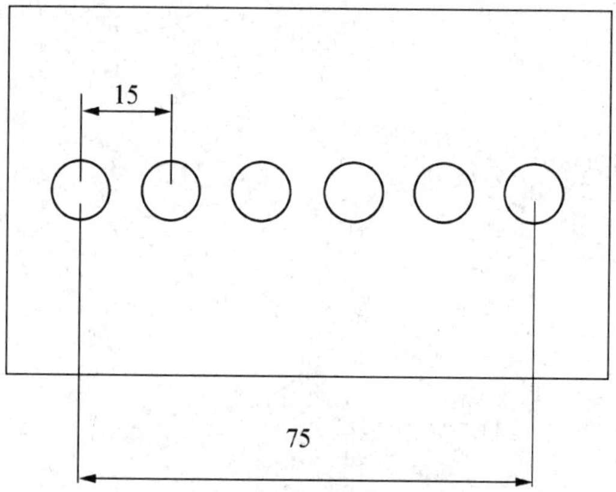

图 7.8 线性均布孔实例

解：图中六个孔分布在同一条线上，且间距均为 15mm，为了减少程序量，可以使用重复次数指令 L__编程。工件坐标系设置于工件上表面中心处。

加工程序如下：

```
O21
G54G17G40G49G80
G01Z100F2000
M03S400
Z20
G00X-52.5Y0              定位于最左侧孔的左侧
G99G73Z-30R5Q6F80L0      定义孔加工参数的方式及相关参数
G91X15L6                 从左往右依次加工六个孔
G80
M05
M30
```

思考与练习

1．简述孔加工固定循环的动作过程。

2．孔加工固定循环中指令 G98、G99 有何作用？如何选用？

3．编制图 7.9 所示孔加工程序。

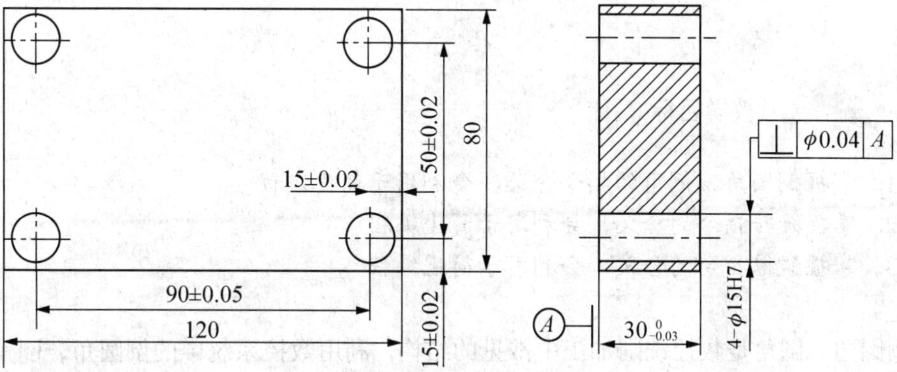

图 7.9 孔加工练习

8

简化编程指令

教学目标

1. 掌握倒圆角、倒角的指令含义，会利用于简化编程
2. 掌握旋转指令的含义，会利用于简化编程
3. 掌握镜像指令的含义，会利用于简化编程

倒圆角、倒角是数控铣削加工中常见的结构，利用数控系统中的倒圆角、倒角指令可以使程序的编制简化。当工件待加工部分为倾斜形式时，可以将其摆正后编程，利用旋转指令完成加工任务。若为对称结构，则可以编制其中一个结构的加工程序，利用镜像指令完成对称部分的加工。

8.1 倒圆角、倒角

8.1.1 FANUC 系统任意角度倒角和倒圆角

倒角和拐角圆弧过渡程序段可以自动地插入在下面的程序段之间：在直线插补和直线插补程序段之间、在直线插补和圆弧插补程序段之间、在圆弧插补和直线插补程序段之间、在圆弧插补和圆弧插补程序段之间。指令格式为

```
……,C_;      （倒角）
……,R-;      （倒圆角）
```

上面的指令加在直线插补 G01 或圆弧插补（G02 或 G03）程序段的末尾时，加工中自动在拐角处加上倒角或过渡圆弧。倒角和拐角圆弧过渡的程序段可连续地指定，但编程时指定的必须是直线和直线、直线和圆弧、圆弧和直线的虚拟交点，如图 8.1 所示。

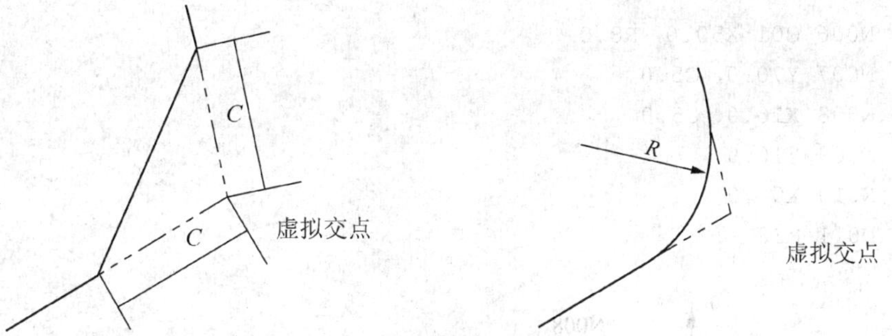

图 8.1 虚拟拐点

图 8.1 中的程序段可以分别书写如下：

```
G01X-Y-，C-;                          虚拟交点
G01X-Y-;
G01X-Y-，R-;                          虚拟交点
G01X-Y-;
```

说明：

1）倒角和拐角圆弧过渡只能在 G17 、G18 或 G19 指定的平面内执行。

2）指定倒角或拐角圆弧过渡的程序段的下一个程序段必须跟随一个用直线插补 G01 或圆弧插补 G02 或 G03 指令的程序段，如果下一个程序段不包含这些指令，系统会出现报警。

3）在平面切换之后，被指定的程序段中不能指定倒角或圆角圆弧过渡。

4）如果插入的倒角或圆弧过渡的程序段引起刀具超过原插补移动的范围，系统会发出报警。

5）在坐标系变动 G92 或 G52 到 G59 或执行返回参考点 G28 到 G30 之后的程序段中不能指定倒角或圆角圆弧过渡。

6）拐角圆弧过渡不能在螺纹加工程序段中指定。

7）DNC 操作不能使用任意角度倒角和拐角圆弧过渡。

【例 1】 编写图 8.2 的程序。

解：

```
O1
N001 G54G90 X0 Y0
N002 G01 X10.0 Y10.0
N003 G01 X50.0 , C5.0
N004 Y25.0，R8.0
N005 G03 X80.0 Y50.0 R30.0，R8.0
```

```
N006 G01 X50.0，R8.0
N007 Y70.0，C5.0
N008 X10.0，C5.0
N009 Y10.0
N010 X0 Y0
N011 M30
```

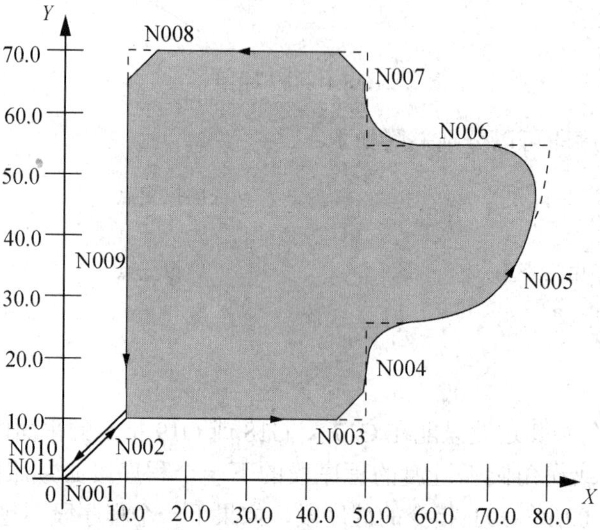

图 8.2　任意角度倒角和拐角圆弧编程

8.1.2　SIEMENS 802D 系统中任意角度倒角和拐角圆弧

SIEMENS 802D 和 FANUC 一样可以在当前的平面一个轮廓拐角处可以插入倒角或倒圆，指令 CHF=或者 CHR=或者 RND=与加工拐角的轴运动指令一起写入到程序段中。指令格式为

```
------CHF=   插入倒角，  数值：倒角长度
------CHR=   插入倒角，  数值：倒角边长度
------RND=   插入倒圆，  数值：倒圆半径
```

说明：

1）在程序段中若轮廓长度不够，则会自动地削减倒角和倒圆的编程值。

2）如果连续编程的程序段超过 3 段没有运行，指令，不插入倒角/倒圆。

3）如果更换平面不插入倒角/倒圆。

（1）倒角 CHF=

直线轮廓之间、圆弧轮廓之间以及直线轮廓和圆弧轮廓之间切入一直线并倒去棱角。

（2）倒角 CHR=

在拐角处的两段直线之间插入一段直线，编程值就是倒角的直角边长，如图 8.3 所示，相应程序为

```
G01X50Y40CHR=5
G01X50Y-20
```

```
G01X50Y40CHF=7.07
G01X50Y-20
```

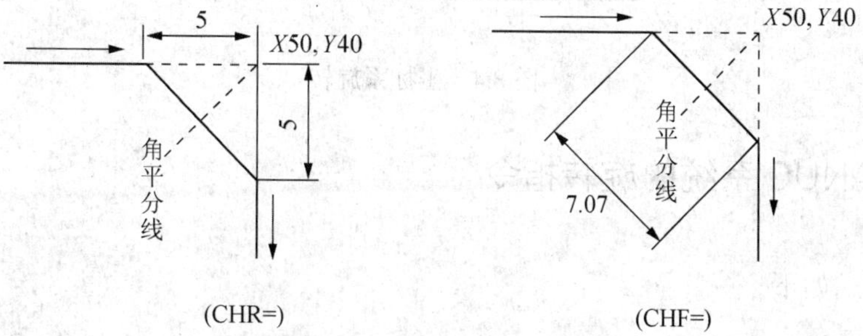

图 8.3 SIEMENS 802D 倒角编程

（3）倒圆角 RND=

图 8.3 中设倒圆角 R5，则程序如下：

```
G01X50Y40 RND=5
G01X50Y-20
```

8.2 旋转指令

旋转指令可将工件旋转某一指定的角度。另外，如果工件的形状由许多相同的图形组成，则可将图形单元编成子程序，然后用主程序的旋转指令调用。这样可简化计算量与编程，提高编程效率，节省存储空间。如图 8.4 所示，使用旋转指令，应注意下列三个要素。

1）平面选择。通过 G17、G18、G19 指定两个轴。

2）旋转中心。旋转中心在选择的平面内指定。

3）旋转角度。旋转角度指编程图形旋转至加工图形位置时的角度位移，正值表示逆时针旋转。

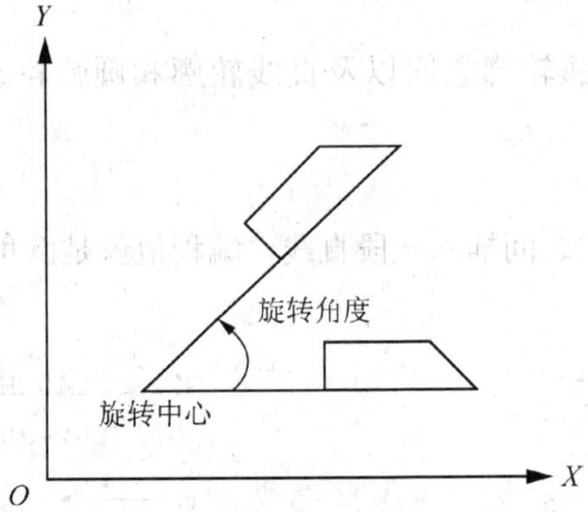

图 8.4　坐标系旋转

8.2.1　FANUC 系统的旋转指令

程序格式如下

{G17 / G18 / G19} G68 α_β_R_;	坐标系开始旋转
⋮	坐标系旋转方式（坐标系被旋转）
G69;	坐标系旋转取消指令

8.2.2　SIEMENS 系统的旋转指令

程序格式如下

ROT RPL=---	指定旋转，RPL 后为角度位移值
AROT RPL=---	指定旋转，附加于当前的指令
ROT	取消旋转

【例 2】 如图 8.5 所示，编写相应程序。

解： 将摆正后的图形编制子程序 L10 进行调用，程序如下：

LJX1	程序名称
N10G17G40G90G54	指定 XY 平面
N20TRANS　X20Y10	坐标系偏移
N30L10	子程序调用
N40TRANS　X30Y26	新的偏移

```
N50AROT  RPL=45          附加旋转 45°
N60L10                   子程序调用
N70ROT                   取消偏移和旋转
N80M02                   程序结束
```

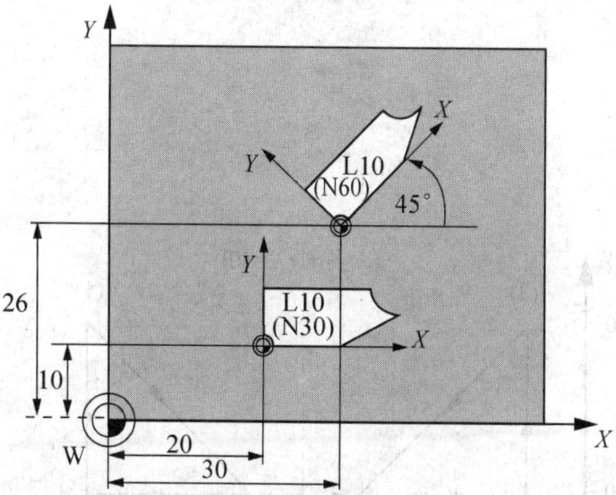

图 8.5　坐标系的偏移与旋转

8.3　镜 像 指 令

8.3.1　FANUC 系统的镜像指令

指令格式如下

```
G51.1 IP_;               设置可编程镜像
  ⋮
  ⋮                      根据 G51.1IP_;指定的对称轴生成在这些程序段中指定的镜像
  ⋮
G50.1 IP_;               取消可编程镜像
```

IP_　用 G51.1 指定镜像的对称点（位置）和对称轴。用 G51.1 指定镜像的对称轴，不指定对称点。

【例 3】 如图 8.6 所示，编写程序。

解：

```
O2 （主程序）            O2000（子程序）
G54G17G90G50             G01X65Y60D01
M98P2000                 X100
```

```
G51.1X50
M98P2000
G51.1X50Y50
M98P2000
G51.1Y50
M98P2000
G50.1X0Y0
M30
```

```
Y100
X65Y60
M99
```

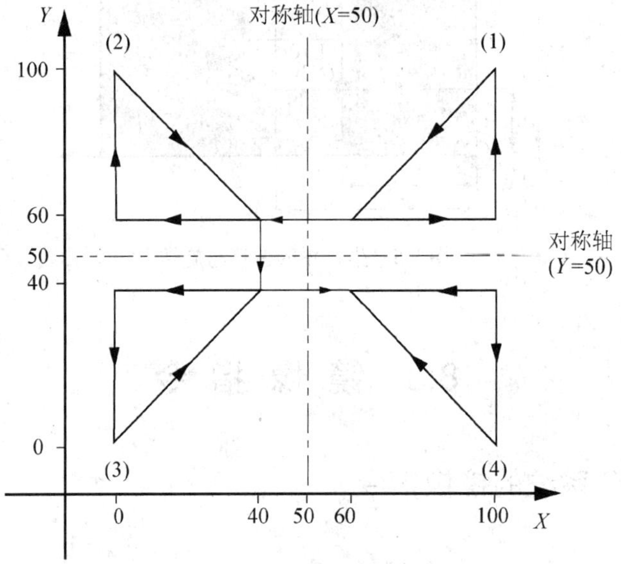

图 8.6　FANUC 系统镜像编程

（1）程序编制的图像；（2）该图像的对称轴与 Y 平行，并与 X 轴在 X=50 处相交；

（3）图像对称在点（50，50）；（4）该图像的对称轴与 X 平行，并与 Y 轴在 Y=50 处相交

8.3.2　SIEMENS 系统的镜像指令

使用 MIRROR 和 AMIRROR 可以设定坐标轴镜像工件的几何尺寸。

指令格式如下

```
MIRROR  X0Y0Z0        指定镜像功能
AMIRROR  X0Y0Z0       指定镜像功能，并附加于当前
MIRROR                取消镜像功能
```

【例 4】 如图 8.7 所示，编写程序。

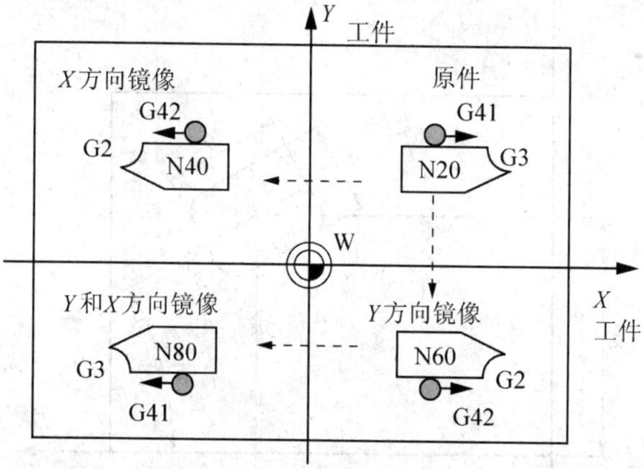

图 8.7 SIEMENS 系统镜像编程

解：

```
N10G17
N20L10                    编程轮廓
N30 MIRROR  X0            关于 Y 轴镜像
N40L10
N50 MIRROR  Y0            关于 X 轴镜像
N60L10
N70 AMIRROR  X0           关于 X0Y0 镜像
N80L10
N90 MIRROR                取消镜像
```

注意：在镜像功能有效时，下列方向自动反向。

1）圆弧插补功能：G02/G03。

2）刀具半径补偿：G41/G42。

3）走刀路径：CW 和 CCW（旋转方向）。

8.4 编 程 实 例

【例 5】 如图 8.8 所示，加工 40×40 矩形凸台，高 3mm，刀具为 ϕ14 的平底刀。

解：

1）凸台为倾斜形式，可以使用旋转指令编程。

2）凸台四角带圆角，可以使用倒圆角指令编程。

3）使用局部坐标系，将当前工件坐标系移至凸台的中心处。

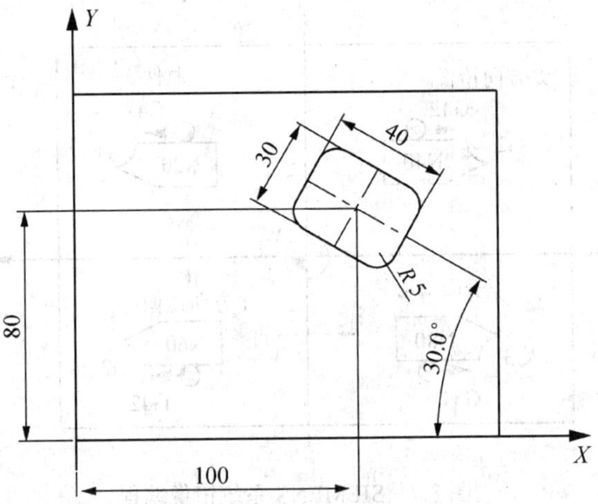

图 8.8　综合编程实例

加工程序如下

```
O1 (FANUC)
G54G17G90G40
G01Z100F2000
M03S500
G52X100Y80              当前工件坐标系移至凸台的中心处
G68X0Y0R-30             当前工件坐标系顺时针旋转 30°
G00X-35Y0
G01Z-3F1000
G01G41X-30Y-10D01
G03X-20Y0R10
G01Y15,R5               倒圆角 R5
X20,R5
Y-15,R5
X-20,R2
Y0
G03X-30Y10R10
G01G40X-35Y0
G01Z100F2000
G69                     取消坐标系旋转
G52X0Y0                 取消坐标系平移
M05
M30
```

思考与练习

1．使用旋转、镜像、倒圆角指令有何优点？

2．旋转、镜像、倒圆角指令使用中应注意什么事项？

3．编制图 8.9 所示凸台（高 6mm，*Z* 向分层）的程序。

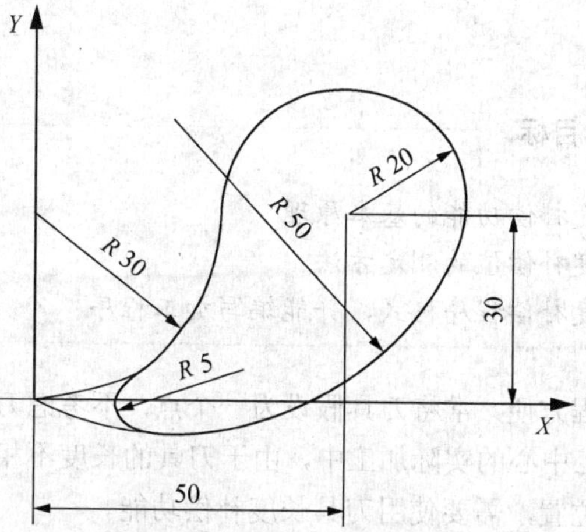

图 8.9 倒圆角练习

4．编制图 8.10 所示四个小凸台（高 6mm，*Z* 向分层）程序。

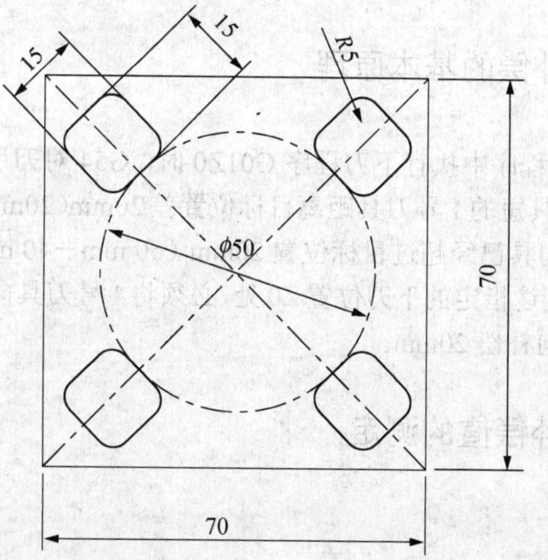

图 8.10 旋转（镜像）及倒圆角练习

9

刀具长度补偿功能

教学目标

1. 懂得刀具长度补偿功能的基本原理
2. 懂得刀具长度补偿值的测定方法
3. 掌握刀具长度补偿程序格式，并能编写加工程序

编程人员为了编程方便，常将刀具假设为一个点，不考虑刀具的长度，程序中直接指定下刀深度。在加工中心的实际加工中，由于刀具的长度不相同，为了确保每一把刀具都能下刀至指定的位置，需要使用刀具长度补偿功能。

9.1 刀具长度补偿基础知识

9.1.1 刀具长度补偿的基本原理

如图 9.1 所示，当程序中执行下刀程序 G01Z0 时，G54 对刀用的 3 号刀具刚好到达指定位置，而比 3 号刀具短的 1 号刀具距离目标位置差 20mm（20mm－40 mm=－20mm），比 3 号刀具长的 2 号刀具已经超过目标位置 20mm（60 mm－40 mm=20 mm）。因此，为了使 1、2 号刀具都能到达指定的下刀位置 Z0 处，必须将 1 号刀具向 Z 轴负向补偿 20mm，而 2 号刀具向 Z 轴正向补偿 20mm。

9.1.2 刀具长度补偿值的测定

1. 绝对值测定

绝对值（机外测定）利用刀具测量仪直接测定（或简单计算）得到，如图 9.1 所示

中的刀具长度值为 20mm、60mm、40mm，如果以 3 号刀具为基准设置工件坐标系，则 1 号刀具的长度补偿值为 20mm－40mm=－20mm，2 号刀具的长度补偿值为 60mm－40mm=20mm。计算结果为负值，说明比基准刀具短；结果为正值，说明比基准刀具长。

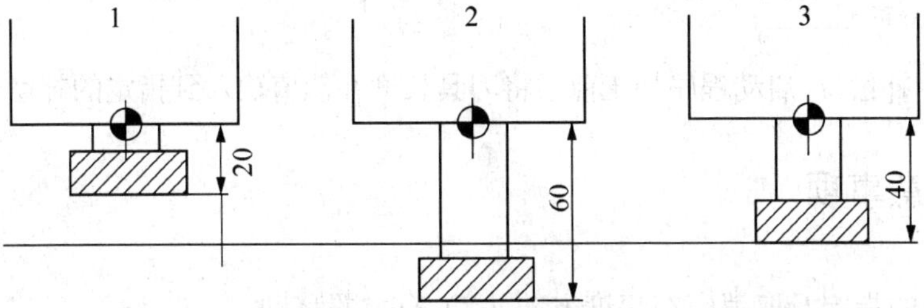

图 9.1 刀具长度补偿的原理

2. 相对值测定

相对值（机内测定）直接利用加工中心的相关功能测定。如图 9.2 所示，其测量过程如下所述。

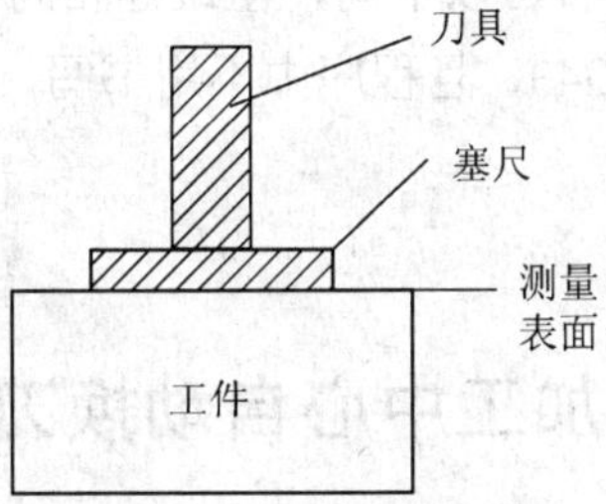

图 9.2 机内测量刀具长度补偿值

1）基准刀具。上靠模后，将此时的 Z 向相对坐标值清零（预设为 0），并设定工件坐标系的 Z 值（最好使用测量法）。

2）待测刀具。上靠模后，显示的相对坐标值即为该刀具的长度补偿值。

9.1.3 刀具长度补偿方向及其指令

1）刀具长度正补偿。向 Z 轴正向补偿，指令为 G43。

2）刀具长度负补偿。向 Z 轴负向补偿，指令为 G44。

3）刀具长度补偿取消。取消补偿，指令为 G49。

9.1.4 刀具长度补偿程序格式

在 G17 平面选择下指定刀具长度补偿，其程序格式为

```
G01G43（G44）Z__H__F__;
```

取消补偿的程序格式为

```
G01G49Z__F__;
```

H__表示补偿号，启动程序加工前须将刀具长度补偿值输入到指定的补偿号对应位置。

9.1.5 注意事项

1）补偿的指定及取消应在深度方向（Z）有位置移动。

2）考虑到安全，移动指令使用 G01，尽量不用 G00。

3）为了简化和统一，一般使用 G43 即可。其补偿方向通过长度补偿值的正负号反映，即正值为正补偿，负值为负补偿。特别在使用机内测量刀具长度补偿值时，可以将其结果直接抄用，从而减少换算的运算工作量。

4）刀具刀号与其长度补偿号可以不同，但最好相同，防止出错。

5）SIEMENS 系统默认为 G43，且程序中不用书写，换刀后在移动 Z 轴时自动把刀具长度补偿功能加入。

9.2 加工中心自动换刀程序

9.2.1 直接调用子程序

例如，T__M98P9000；换刀子程序如下：

```
O9000
G91
G30Z0                    主轴移动至换刀点平面
M06                      主轴准停
M28                      刀盘进刀
M11                      松刀
G28Z0                    回原点
M32                      寻找所需刀具
G30Z0
M10                      抓紧刀具
M31                      刀盘回退
G90
M99
```

又如：

```
T__;                    刀库中刀具预先准备。
⋮
M98P8999;               换刀
```

换刀子程序如下：

```
O8999
M05
M09
G91G28Z0
G40G49G80
M06
M99
```

9.2.2　直接换刀

程序为

```
M06T__
```

SIEMENS 系统直接书写为：

```
T__
```

9.3　编 程 实 例

【例 1】 加工图 9.3 所示的通槽。

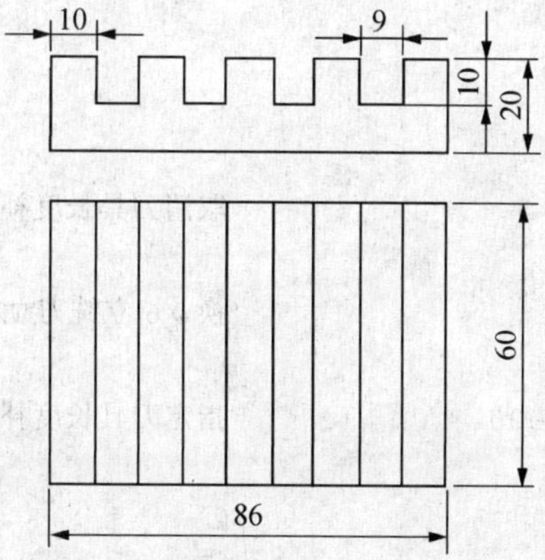

图 9.3　刀具长度补偿功能实例

解：

1）刀具选择。通槽宽度为9mm，粗加工选用$\phi 8$的平底立铣刀，精加工选用$\phi 6$的平底立铣刀。

2）下刀方式。如图9.3所示槽型，可以按轮廓结构设计走刀，选用直接在材料外侧下刀。

3）走刀路线如图9.4所示。

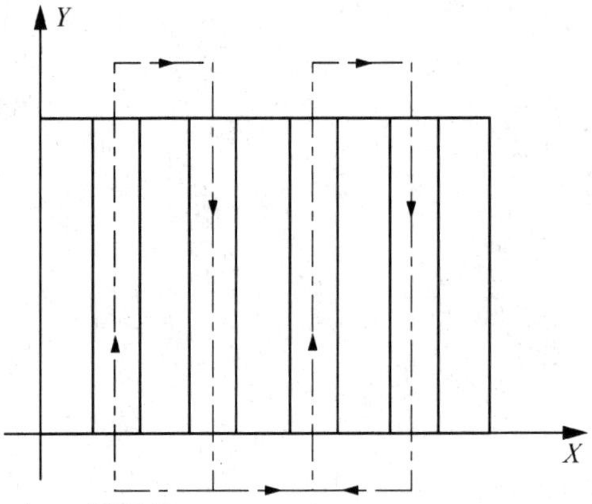

图9.4　实例的走刀路线设计

粗/精加工程序如下：

```
O1                          FANUC 主程序
M06T1                       换φ8 立铣刀 T1 进行粗加工
G54G17G90G40G49
G01G43Z100H01F2000          指定刀具长度补偿，补偿号 01
M03S600
  G00X14.5Y-10
G01Z0F1000
M98P50010F60
G01Z100F2000
G49Z150                     取消刀具长度补偿
M05
M06T2                       换φ6 立铣刀 T2 进行精加工
G54G17G90G40G49
G01G43Z100H02F2000          指定刀具长度补偿，补偿号 02
M03S1000
G00X14.5Y-10
G01Z-10F1000
```

```
D2M98P1000F100               D2=1.5
D22M98P1000F100              D22=-1.5
G01Z100F2000
G49Z150                      取消刀具长度补偿
M05
M30

O10（下刀子程序）
G91G01Z-2
M98P1000
G90
M99

O1000                        平面走刀子程序
G91G41Y5
Y75
X19
Y-80
X19
Y80
X19
Y-80
G01G40X-57
G90
M99
```

说明：

1）粗加工走刀路线设计中，直接走槽中心线，轮廓留的余量均为 0.5mm。如此设计，可以避免刀具与夹具间的干涉。

2）本例中灵活地使用了刀具半径补偿功能，即当 D02=1.5 时，精加工槽的一侧，而当 D22=－1.5 时，则加工槽的另一侧。

3）本例也可以将其中一个槽单独编写一个子程序，平面内四次调用，但设计刀路时，必须注意刀具与夹具间可能产生干涉。

思考与练习

1．刀具长度补偿的程序格式如何？

2．使用刀具长度补偿功能时应注意哪些事项？

3．综合加工，如图 9.5 所示。毛坯：80×80×45。要求：

①面铣：保证厚度为 44；

②轮廓铣：粗/精加工（内凸台高 15mm、外凸台高 15mm）；

③型腔铣：粗/精加工（矩形深 5mm，圆形深 10mm）；

④孔加工：ϕ8H7（深 25mm）。

刀具：面铣ϕ80　　　　粗加工ϕ16、ϕ12

　　　精加工ϕ8　　　　孔ϕ5、ϕ7.8、ϕ8H7

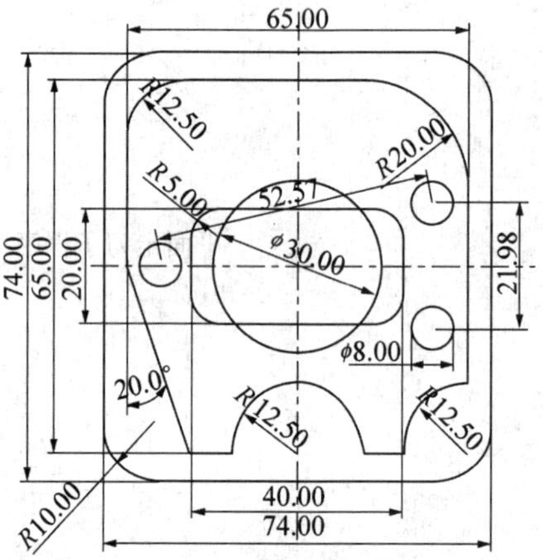

图 9.5　编程练习

10

宏程序基本知识

教学目标

1. 懂得宏程序中变量的表示与使用、赋值
2. 了解宏程序中变量的运算与控制指令
3. 了解宏程序的编制方法与思路

宏程序与一般加工程序相似，但在程序中使用了变量，通过对变量进行赋值及处理，使程序具有特殊功能。宏程序具有较大的灵活性、适用性，且程序简捷。

宏程序分为 *A*、*B* 两种，现在多用较先进的宏 *B*。

10.1 变　　量

10.1.1 变量的表示

在#后面指定变量号或表达式，如

```
#100
#[#1/2]
```

10.1.2 变量的种类

变量分为三种：

1）局部变量（#1~#33）。局部变量常用作运算的过程量，电源关时为空。

2）公用变量（#100~#149，#500~#509）。公用变量也称为全局变量，常用于表示定

形、定位的相关量，电源关时不消失。

3）系统变量（#2000~）。如刀具补偿值为#2000~#2200，工件偏置为#5201~#5326。

10.1.3 变量的使用

在地址符（O、N、G、L、P及/除外）后使用变量，如

```
F#1：如果#1=100.0，则表示F100
Z-#26：如果#26=3.0，则表示Z-3.0
```

10.1.4 变量的赋值

1. 直接赋值

直接赋值的格式为：#__=数值或表达式。

注：等号左边不能使用表达式。

2. 引数赋值

在宏调用时，引数在主程序中赋值，如

```
G65P1000X100.0Y20.0F150
```

其中，*X*、*Y*、*F*对应于宏程序中的变量号#24、#25、#9，其后的数值即为赋值。引数与变量的对应关系有两种。

1）变量赋值方法I见表10.1。

表10.1 变量赋值方法I

引数	变量号	引数	变量号	引数	变量号	引数	变量号
A	#1	D	#7	R	#18	X	#24
B	#2	E	#8	S	#19	Y	#25
C	#3	F	#9	T	#20	Z	#26
I	#4	H	#11	U	#21		
J	#5	M	#13	V	#22		
K	#6	Q	#17	W	#23		

2）变量赋值方法II见表10.2。

表10.2 变量赋值方法Ⅱ

引数	变量号	引数	变量号	引数	变量号	引数	变量号
A	#1	I3	#10	I6	#19	I9	#28
B	#2	J3	#11	J6	#20	J9	#29
C	#3	K3	#12	K6	#21	K9	#30
I1	#4	I4	#13	I7	#22	I10	#31
J1	#5	J4	#14	J7	#23	J10	#32
K1	#6	K4	#15	K7	#24	K10	#33
I2	#7	I5	#16	I8	#25		
J2	#8	J5	#17	J8	#26		
K2	#9	K5	#18	K8	#27		

10.1.5 变量的运算

宏程序具有赋值、算术运算、逻辑运算、函数运算等功能，见表10.3。

表10.3 变量的各种运算

No	名称	形式	意义	具体实例
1	定义转换	#i=#j	定义、转换	#102=#10 #20=500
2	加法形演算	#i=#j+#k #i=#j-#k #i=#jOR#k #i=#jXOR#k	和 差 逻辑和 异和	#5=#10+#102 #8=#3+100 #20=#3OR#8 #12=#5XOR25
3	乘法弄演算	#i=#j*#k #i=#j/#k #i=#jAND#k #i=#jMOD#k	积 商 逻辑乘 取余	#120=#1*#24 #20=#7*360 #104=#8/#7 #110=#21/12 #116=#10 AND #11 #20=#8 MOD #2
4	函数运算	#i=SIN[#j] #i=COS[#j] #i=TAN[#j] #i=ATAN[#j] #i=SQRT[#j] #i=ABS[#j] #i=ROUND[#j] #i=FIX[#j] #i=FUP[#j] #i=ACOS[#j] #i=LN[#j] #i=EXP[#j]	正弦（度） 余弦（度） 正切 反正切 平方根 绝对值 四舍五入整数化 小数点以下舍去 小数点以下进位 反余弦（度） 自然对数	#10=SIN[#5] #133=COS[#20] #30=TAN[#21] #148=ATAN[#5]/[#2] #131=SQRT[#10] #5=ABS[#102] #112=ROUND[#23] #115=FIX[#109] #114=FUP[#33] #10=AOOS[#16] #3=LN[#100] #7=EXP[#9]

说明：

1）函数 SIN、COS、TAN、ATAN 的角度单位为度。

2）上取整与下取整。设#1=1.2，#2=－1.2，则计算结果见表 10.4。

3）运算次序。运算次序为函数→乘、除（*、/、AND）→加、减（+、－、OR、XOR）。

4）括号嵌套。通过括号嵌套可以改变运算顺序。

表10.4　上取整与下取整运算

	FIX[#i]	UP[#i]
#1	1.0	2.0
#2	−1.0	−2.0

10.2　控制指令

程序一般是顺序执行，使用控制指令起到控制程序流向的作用，常用的有下列三种。

10.2.1　无条件分支

无条件分支格式为

```
GOTOn
```

例如，GOTO100 的含义为程序转向 N100 程序段处。

10.2.2　条件分支

条件分支格式为

```
IF[条件表达式]GOTOn
```

含义：若条件表达式成立，则程序转向段号为 *n* 的程序段处，否则继续执行下一句程序。

10.2.3　循环

循环格式为

```
WHILE[条件表达式]DOm（m=1、2、3）
```

```
……
ENDm
```

含义：当条件满足时，执行 WHILE 与 END 之间的程序段，否则执行 ENDm 下一句程序段。

10.3 编 程 实 例

【例 1】 加工图 10.1 所示椭圆外形，深 3㎜，刀具为$\phi 8$的平底刀。

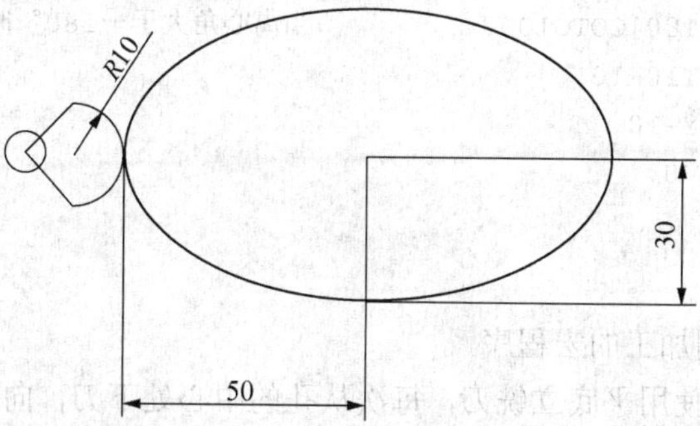

图 10.1 实例 1

解：

1）分析图形特征。椭圆为二次曲线，且加工的是平面图形，用一般的方法编制加工程序，计算量太大，程序量多，可以考虑编写宏程序。

2）建立数学模型。椭圆的标准方程为 $X^2/a^2+Y^2/b^2=1$，其参数方程为

$$X=a\times\cos\alpha$$
$$Y=b\times\sin\alpha$$

式中，α 为参数，指椭圆上每点的离心角。

3）确定变量和程序出口：注意变量的取值范围。例如，离心角变量#100 的取值范围为+180°～-180°，当角度小于或等于-180°时跳出循环。

工件坐标系原点设置在椭圆中心处，加工程序如下：

```
O1（FANUC）
G54G17G90G40
G01Z100F2000
M03S800
#500=50                    X 轴向半轴长
```

```
#501=30                          Y 轴向半轴长
#100=180                         离心角，初始值为 180°
G00X-[#500+20]Y0
G01Z-3F1000
G91G01G41X10Y-10D01F100
G03X10Y10R10
N1000
#100=#100-1                      离心角每次递减 1°
#101=#500*COS[#100]              计算椭圆上点的 X 坐标
#102=#501*SIN[#100]              计算椭圆上点的 Y 坐标
G90G01X#101Y#102                 直线拟合
IF[#100GT-180]GOTO1000           当离心角大于－180° 时继续
G91G03X-10Y10R10
G01G40X-10Y-10
G01Z100F2000
M05
M30
```

【例 2】 孔铣削加工的宏程序

解：编程思路：使用平底立铣刀，每次从孔的中心处下刀，向 *X* 正方向移动一段固定的距离后，逆时针走一全圆（顺铣），直到走完最外圈后提刀返回至孔的中心，再进给至下一层继续，一直加工到预定深度。

本例采用 SIEMENS 系统中的 *R* 参数编程。工件坐标系原点设置在中心处，加工程序如下：

```
%_N_LJX_MPF              主程序名
;$PATH=/_N_MPF_DIR
R1=                      圆孔直径
R2=                      圆孔深度
R3=                      平底立铣刀的直径
R24=                     圆孔中心的 X 坐标
R25=                     圆孔中心的 Y 坐标
R4=0                     Z 坐标值（绝对值），设初始值为 0
R17=                     Z 方向的每层切深（层间距）
R5=R10*R3                X 方向的固定偏移量为刀具直径的 R10（一般取 0.8−0.9）
                         倍（行距）
R6=(R1-R3)/2             刀具中心在圆孔中的最大走圆半径

G54G17G90G40
```

G00Z30M03S2000	定位于 G54 上方 30mm 处
X=R24Y=R25	移动刀具至圆心上方
AA:Z=-R4+1	接近工件
R4=R4+R17	指定当前加工高度
G01Z=-R4F50	下刀至加工位置
L10	调用子程序加工当前层
IF R4<R2-R17 GOTOB AA	如果当前加工深度比预定的还少一个层间距以上时，继续加工
G01Z=-R2F50	下刀至预定的加工深度
L10	加工最后的切削层
G00Z100	提刀至安全高度
M02	
%_N_L10_MPF	子程序名
;$PATH=/_N_MPF_DIR	
R7=0	当前切削层的分层数，设初始值为 0
BB:R7=R7+1	累加次数
R8=R7*R5	从圆中心偏移的距离
G01X=R24+R8F1000	刀具移动到全圆的走刀起点
G03I=-R8	逆时针走全圆
IF R8<R6-R5 GOTOB BB	当前偏移距离比最大走圆半径还少一个行距以上时，继 1 续加工
G01X=R24+R6	否则刀具移动到最大圆的走刀起点
G03I=-R6	逆时针走全圆
G00Z=-R4+0.5	提刀 0.5mm
X=R24Y=R25	移动至孔的中心位置
RET	子程序结束，返回主程序

上述加工程序可以改变孔的直径、深度、中心位置、刀具直径、层间距、行距，而程序不作任何更改即可完成盲孔的粗加工。

■ 思考与练习

1. 什么叫宏程序？它有何优点？
2. 宏程序中的控制指令有哪些？
3. 试编写一条完整的正弦曲线的加工程序。

第2篇

实 践 部 分

项目 1

入门基本操作

教学目标

1. 懂得数控加工中心的文明生产及安全操作规程
2. 掌握数控加工中心的组成及坐标系的判定方法
3. 初步了解加工中心 MDI 面板各按键的功能
4. 掌握回零操作、轴移动操作及开/关机的步骤

任务1　理解文明生产与安全操作规程

任务分析

学生甲和乙平时成绩差不多，一起去参加了某著名企业的招聘会。结果，学生只有甲被录取了，学生乙很不服气，我学习成绩不比甲差，为什么只录取甲而不录取我呢？老师经过向企业咨询招聘的情况，原来，学生乙在招聘测试的时候，工具随便乱放，主轴高低速挡调换后没有进行手工检查，引起齿轮啮合不到位，失去了一个很好的工作机会。探究原因，主要还是在平时学习过程中，学生乙总是认为文明生产、安全规范等都是小事情，到时候只要自己注意就行了，结果没有养成良好的工作习惯，失去了一次很好的工作机会。文明生产与安全操作规程如下所述。

1. 文明生产

文明生产是现代企业管理的一项十分重要的内容，是企业质量管理的基础。它体现

了企业文化，员工的职业素质、责任心和工作精神。即要做到：生产要有节奏、均衡，物流路线的安排要科学合理；又要做到：生产场地和环境要卫生整洁，光线照明适度，零件、半成品、工夹量具放置整齐，设备仪器保持良好状态等。

在操作时，应做到以下几点：

1）严格遵守数控机床的安全操作规程，熟悉数控机床的操作顺序。

2）保持数控机床周围的环境的整洁。

3）操作人员应穿戴好工作服、工作鞋，不得穿、戴有危险性的服饰品。

学习实训时更要做到：

1）实训时须穿符合安全要求的衣着，女生要戴安全帽，长辫要盘起。

2）学生操作机床时，应在指导老师的监督下，实行"一人一机上机操作"制，其他人在旁观看与讨论，学习别人的操作经验。

3）机床的设定参数不许随意改动，否则可能发生危险或机床损坏。

4）程序输入数控系统后，必须经过程序的试运行（如有模拟功能，先进行模拟加工）、试切削阶段。确保程序准确无误，工艺系统各环节无相互干涉（如碰刀）现象，方可正式负荷加工。

5）机床运行时不要把身体靠在机床上。

6）在加工过程中，操作者不能离岗或远离机床。

7）不要把工具和量具放在移动的工件或部件上。

8）注意一定要等机床安全停止运转并清除干净工件和刀具上的切屑和异物后，方可装夹或卸下工件。

2. 安全操作规程

为了正确合理的使用数控铣床/加工中心，减少其故障的发生率。操作人员必须按以下机床操作规程进行操作。

开机前的注意事项：

1）操作人员必须熟悉该机床的性能和操作方法。经机床的管理人员同意方可操作机床。

2）机床通电前，先检查电压、气压、油压是否符合工作要求。

3）检查机床可动部分是否在正常工作状态。

4）检查工作台是否越位，超极限状态。

5）检查电气元件是否牢固，是否有接线脱落。

6）检查机床接地线是否和车间地线可靠连接（初次开机特别重要）。

7）已完成开机前的准备工作后方可合上电源总开关。

开机过程注意事项：

1）严格按机床说明书中的开机顺序进行操作。

2）一般情况下，开机过程中必须先进行回机床参考点操作，建立机床坐标系。

3）开机后让机床空运转 15min 以上，使机床达到热平衡状态。

4）关机后必须等待 5min 以上才可以再次开机，没有特殊情况不得随意频繁进行开机或关机操作。

通电后的检查，机床通电后必须进行以下检查：

1）检查数控装置中各个风扇是否正确运转。

2）在手动方式下，低速运转各坐标轴，观察机床移动方向的显示是否正确。然后让各轴碰到各个方向的超程开关，以检查超程限位是否有效，数控装置是否在超程时报警。

3）进行几次返回机床参考点的动作，用来检查数控机床是否有返回参考点的功能以及每次返回参考点的位置是否完全一致。

4）最好按照使用说明书，用自编的简单程序检查数控系统的主要功能是否完好，如定位，直线插补、圆弧插补、螺旋线插补，自动加速/减速，M、S、T 辅助机能，刀径补偿，刀长补偿，螺距误差补偿，间隙补偿，固定循环，镜像功能以及用户宏程序等。

调试过程注意：

1）编辑、修改、调试好程序。若是首件试切必须进行空运行，确保程序正确无误。

2）按工艺要求装夹、调试好夹具、并清除各定位的铁屑和杂物。

3）按定位要求装夹好工件，确保定位正确可靠。不可在加工过程中发生工件松动现象。

4）安装好所要用的刀具，若是加工中心，则必须确保刀具到刀库上的刀位号与程序中的刀号严格一致。

5）按工件上的编程原点进行对刀，建立工件坐标系。若用多把刀具，则其余各把刀具分别进行长度补偿。

6）设置好刀具半径补偿。

7）确定冷却液输出是否通畅，流量是否充足。

8）再次检查所建立的工件坐标系是否正确。

9）以上各点准备好后方可加工工件。

加工过程中的注意：

1）加工过程中，不得调整刀具和测量工件尺寸。

2）自动加工中，始终监视运转状态，严禁离开机床，遇到问题及时解决，防止发生不必要的事故。

3）定时对工件进行检验，确定刀具是否磨损等情况。

4）关机或交接班时对加工情况、重要数据等做好记录。

5）机床各轴在关机时远离其参考点，或停在中间位置，使工作台重心稳定。

6）清扫机床，必要时涂防锈油。

任务2　掌握FANUC oi 系统操作面板及基本操作

任务分析

数控铣床/加工中心的操作面板一般可分为上下两个部分，如项目图 1.1 所示，其中上部为 CRT/MDI 面板或称为编辑键盘，它由数控系统生产商制作；下部为机械操作面板也称为控制面板，它由数控机床生产商制作。同一个数控系统的控制面板可能是不同的，上图为数控铣床的 MDI 面板与南通机床厂的控制面板，下图为加工中心的 MDI 面板与南通机床厂的控制面板。

项目图 1.1　南通机床厂数控铣床/加工中心面板

1. MDI 键盘说明

MDI 键盘用于程序编辑、参数输入等，如项目图 1.2 所示。MDI 键盘上各个键的功能列于项目表 1.1。

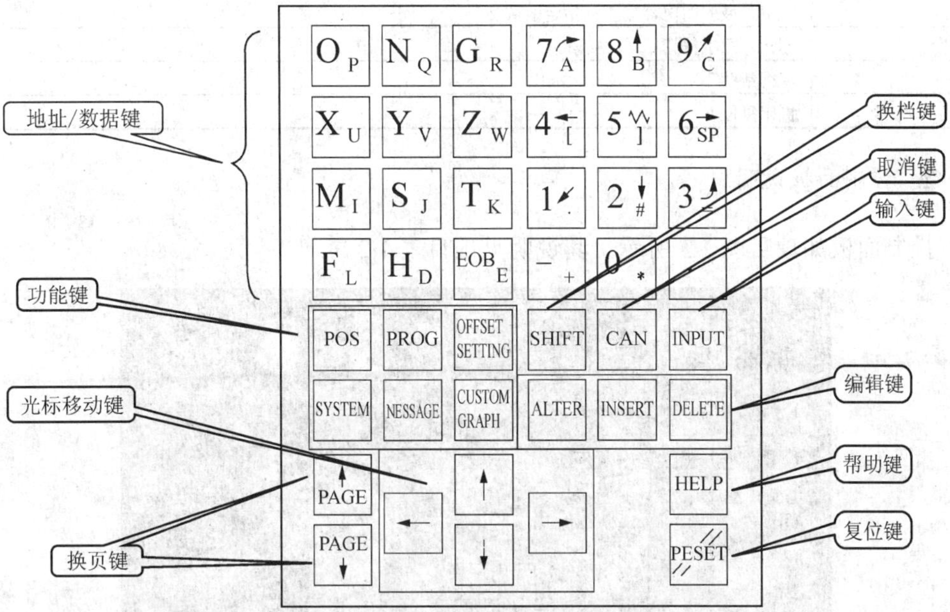

项目图 1.2　MDI 键盘

项目表1.1　MDI键盘说明

MDI 软键	功　能
	软键实现左侧 CRT 中显示内容的向上翻页；软键实现左侧 CRT 显示内容的向下翻页
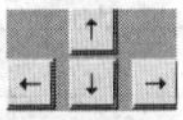	移动 CRT 中的光标位置。软键实现光标的向上移动；软键实现光标的向下移动；软键实现光标的向左移动；软键实现光标的向右移动
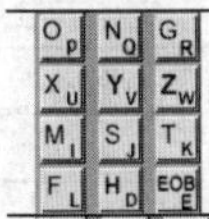	实现字符的输入，点击键后再点击字符键，将输入右下角的字符。例如：点击将在 CRT 的光标所处位置输入“O”字符，点击软键后再点击将在光标所处位置处输入 P 字符；软键中的“EOB”将输入“；”号表示换行结束
	实现字符的输入，例如，点击软键将在光标所在位置输入“5”字符，点击软键后再点击将在光标所在位置处输入“]”
	在 CRT 中显示坐标值
	CRT 将进入程序编辑和显示界面
	CRT 将进入参数补偿显示界面
	CRT 将进入系统显示界面
	CRT 将进入信息（如报警等）显示界面
	在自动运行状态下将数控显示切换至轨迹模式（图形显示）
	输入字符切换键

续表

MDI 软键	功　　能
	删除单个字符
	将数据域中的数据输入到指定的区域
	字符替换
	将输入域中的内容输入到指定区域
	删除一段字符
	获得帮助
	机床复位

2. 控制面板说明

控制面板如项目图 1.3 所示，其说明见项目表 1.2。

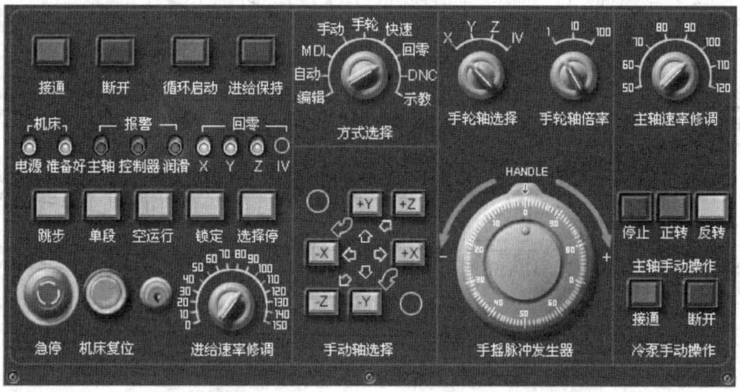

项目图 1.3　数控铣床/加工中心的控制面板

项目表1.2　控制面板说明

按　　钮	名　称	功 能 说 明
方式选择 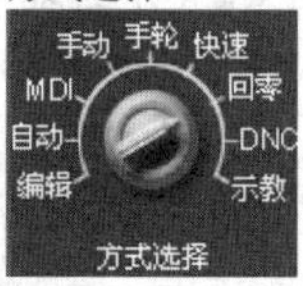	编辑	旋钮打至该位置后，系统进入程序编辑状态
	自动	旋钮打至该位置后，系统进入自动加工模式
	MDI	旋钮打至该位置后，系统进入 MDI 模式，手动输入并执行指令
	手动	旋钮打至该位置后，机床处于手动模式，连续移动
	手轮	旋钮打至该位置后，机床处于手轮控制模式
	快速	旋钮打至该位置后，机床处于手动快速状态
	回零	旋钮打至该位置后，机床处于回零模式
	DNC	旋钮打至该位置后，输入输出资料
	示教	本软件不支持
	接通	接通电源
	断开	关电源
	循环启动	程序运行开始；系统处于“自动运行”或“MDI”位置时按下有效，其余模式下使用无效

续表

按　钮	名　称	功 能 说 明
	进给保持	程序运行暂停，在程序运行过程中，按下此按钮运行暂停。按"循环启动"键恢复运行
	跳步	此按钮被按下后，数控程序中的注释符号"/"有效
	单段	此按钮被按下后，运行程序时每次只执行一条数控指令
	空运行	点击该按钮后系统进入空运行状态
	机床锁定	锁定机床
	选择停	此按钮被按下后，"M01"代码有效
	机床复位	复位机床
	急停按钮	按下急停按钮，使机床移动立即停止，并且所有的输出如主轴的转动等都会关闭
	*X* 正方向按钮	点击该按钮，机床主轴将向 *X* 轴正方向移动
	*X* 负方向按钮	点击该按钮，机床主轴将向 *X* 负方向移动
	*Y* 正方向按钮	点击该按钮，机床主轴将向 *Y* 正方向移动
	*Y* 负方向按钮	点击该按钮，机床主轴将向 *Y* 负方向移动
	*Z* 正方向按钮	点击该按钮，机床主轴将向 *Z* 正方向移动
	*Z* 负方向按钮	点击该按钮，机床主轴将向 *Z* 负方向移动
	手轮	将光标移至此旋钮上后，通过点击鼠标的左键或右键来转动手轮
	手轮轴选择	在手轮控制模式下选择进给轴
	手轮轴倍率	在手轮控制模式下选择轴的进给倍率
	主轴速率修调	将光标移至此旋钮上后，通过点击鼠标的左键或右键来调节主轴旋转倍率
	进给速率修调	调节数控程序运行时的进给速度倍率
	主轴控制按钮	依次为：主轴正转、主轴停止、主轴反转。若为手动调速，不能控制反转

3. 开 / 关机

开机需要注意：

1）首先检查机床的初始状态，控制柜的前、后门是否关好。

2）打开外部电源开关，启动机床电源。

3）将操作面板上的紧急停止按钮右旋弹起，按下操作面板上的电源开关，按复位，进行其他操作。

4）确认显示屏显示正常，无报警，风扇电机转动正常后开机结束。

关机需要注意：

1）确认操作面板的“循环启动”指示灯是否关闭了。

2）确认机床的运动全部停止。按下急停按钮。

3）按下操作面板上的“断开”按钮数秒，“准备好”指示灯灭。

4）切断机床电源，断开外部电源。

4. 回零操作

机床只有在回原点之后，自动方式和 MDI 方式才有效，未回原点之前只能手动操作。一般在以下情况需要进行回原点操作，以建立正确的机床坐标系。

1）开机后。

2）机床断电后再次接通数控系统电源。

3）超过行程报警解除以后。

4）紧急停止按钮按下后。

5）机床锁住后。

回零操作过程如下：

1）选择手动回原点模式。

2）调整快速倍率开关于适当位置。

3）先按下坐标轴的正方向键+*Z*，坐标轴向 *Z* 向原点运动，当到达原点后运动自然停止，屏幕显示原点符号，此时坐标显示中 *Z* 机械坐标为零。

4）依次完成 *Y*、*X* 轴回原点，最后是回转坐标回原点。

按+*Z*、+*X*、+*Y*、+*A* 的顺序操作。

5）返回参考点后，各轴返回参考点指示灯点亮。

5. 轴移动操作

（1）主轴控制

在手动模式下，按下主轴正、反转键，主轴按照设定的速度旋转，按停止键主轴则停止，也可以按复位键停止主轴。

在自动和 MDI 方式下编入 M03、M04 和 M05 可实现如上的连续控制。

（2）坐标轴的运动控制

微调操作（手轮）步骤为：

1）工作方式选择开关至“HANDLE”位置。

2）利用手轮选择开关选择手轮移动的轴。

3）利用手轮进给倍率旋钮选择×1、×10、×100 倍率之一。

4）利用手摇脉冲发生器，选定轴则按相应速率及方向移动。

注意：转动手轮时转动不能过快，以不超过 5 r/s 为宜。

选择手动模式，则按下任意坐标轴运动键即可实现该轴的连续进给（进给速度可以设定)，释放该键，运动停止。

手动连续进给步骤为：

1）工作方式选择开关旋至“JOG”位置。

2）利用手动进给速率调节旋钮选择适当的进给速度。

3）选择手动进给轴，按下方向选择键，即可实现相应轴的手动连续进给。

快速移动步骤为：

1）工作方式选择开关旋至“快速”位置。

2）选择好快速进给倍率。

3）选择手动进给轴，按下方向选择键，即可实现相应轴的快速连续进给。

6. 超程解除

在手动控制机床移动（或自动加工）时，若机床移动部件超出其运动的极限位置（软件行程限位或机械限位），则系统出现超程报警，蜂鸣器尖叫或报警灯亮，机床锁住。

处理方法一般为：

1）手动将超程部件移至安全行程内。

2）再按复位键解除报警。

任务3　了解FANUC oi 系统的常见界面

任务分析

机床位置界面，如项目图 1.4～1.6 所示。

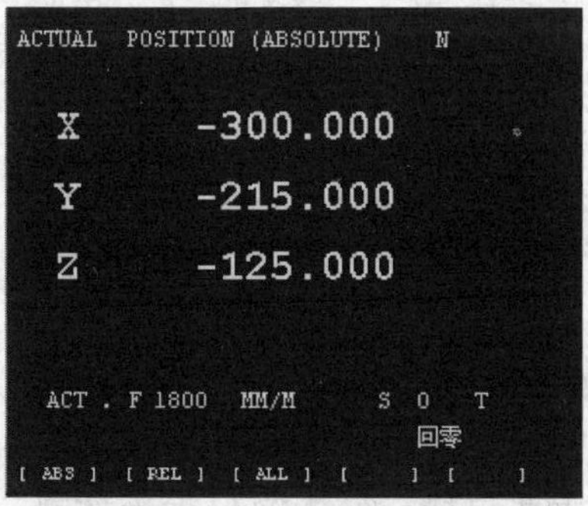

项目图 1.4　显示绝对位置图

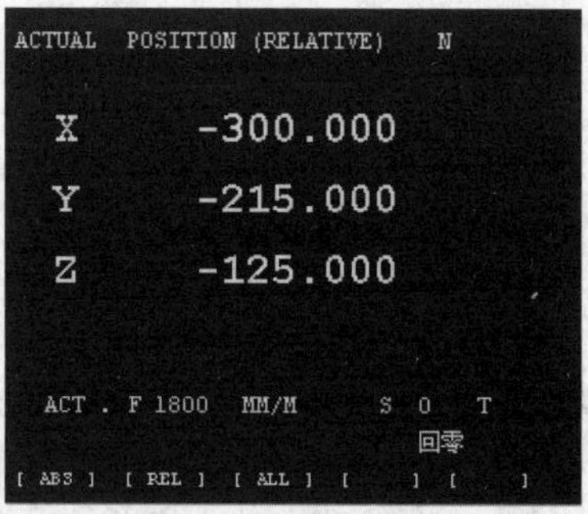

项目图 1.5　显示相对位置

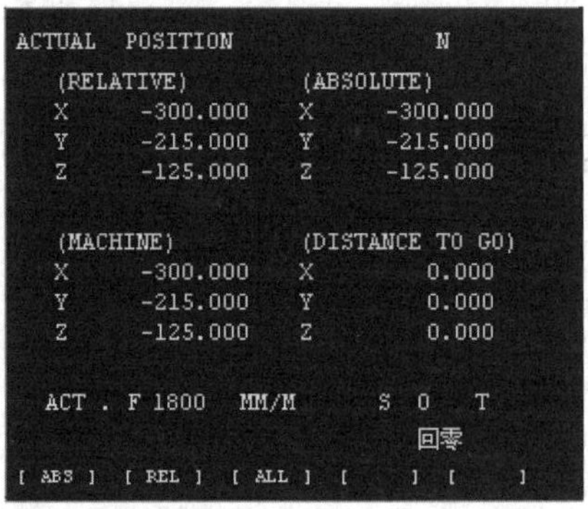

项目图 1.6　显示所有位置

按下POS进入机床位置界面。按下[ABS]、[REL]、[ALL]对应的软键分别显示绝对位置、相对位置和所有位置。

坐标下方显示进给速度 *F*、转速 *S*、当前刀具 *T*、机床状态（如“回零”）。程序管理界面如项目图 1.7 和项目图 1.8 所示。

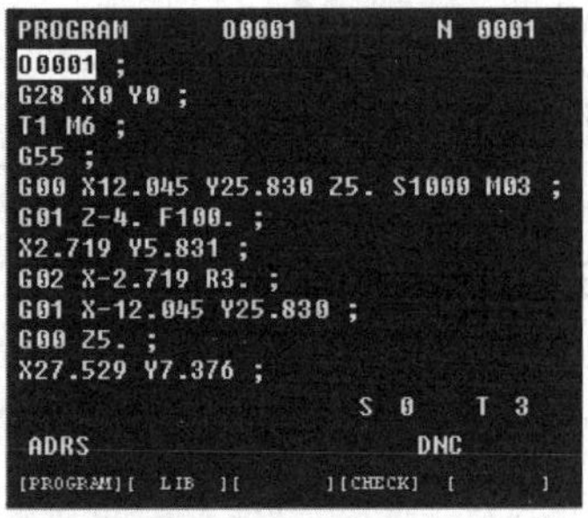

项目图 1.7　显示当前程序

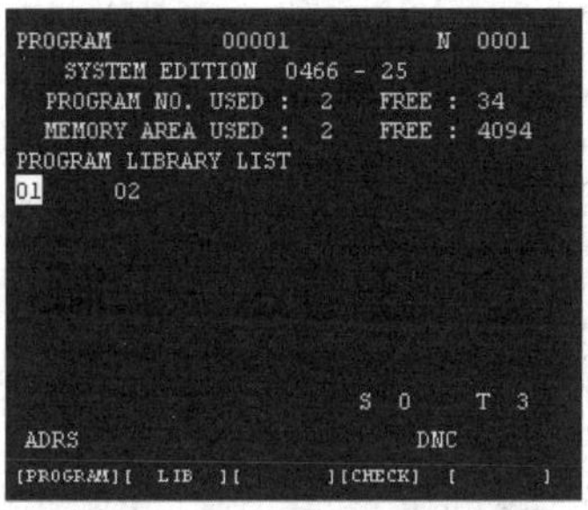

项目图 1.8　显示程序列表

按下PRGRM进入程序管理界面，按下[PROGAM]显示当前程序（见图 1.7），按下[LIB]显示程序列表（见图 1.8）。PROGRAM 一行显示当前程序号 O0001、行号 N0001。

任务4　掌握SIEMENS 802D 面板及基本操作

■任务分析

SIEMENS 802D 的操作见后面的附录。附录主要包括：① MDA 面板按键简介；②开 / 关机；③回零操作；④移动操作；⑤超程解除。

任务5　掌握面板的操作

■任务分析

1）了解数控机床的结构及组成：分好实习小组，按组跟着老师一起分析机床的结构及组成。了解细微的结构及操作时的注意事项。

2）了解机床的主要技术参数：教师示范操作及讲解本机床的主要技术参数，学生作好记录并了解操作过程。

3）数控机床的正常开机：学生操作，其他人在旁观看和讨论。

4）回零操作：选择回零方式，按 *Z*、*Y*、*X* 轴的顺序依次回零。

5）手动快速返回：回零后，要返回一段距离。用快速移动的方法返回。

6）主轴的操作：学会主轴的正转，反转，及简单的调速。

7）手动连续进给：使用手动连续进给，试试模拟加工一个平面。

8）手轮定位：向 *X*、*Y*、*Z* 轴正方向各移动 20mm、50mm、10mm；准确定位到 X-300.0、Y-200.0、Z-20.0；试用手轮模拟加工一个 80mm×80mm 的平面。

9）开/关机：正常关机。

■注意事项

1）严格遵守数控机床的安全操作规程操作，不要乱操作。

2）回零时，要确认好快速倍率后，再依次按各轴的正方向按钮。

3）如机床当前位置离零点很近，可把快速倍率调少些，或移开一段距离再回零。

4）回零后是按 *X*、*Y*、*Z* 轴的负方向返回。

5）手动连续进给时，要注意进给倍率与进给方向。

6）手轮操作时，也要注意移动轴的名称、手轮倍率与正负方向。

7）*Z* 轴尽量不要用快速移动。

8）手动连续移动、快速移动及手轮操作时，刀具向右（*X*+）、向前（*Y*+）、向上（*Z*+）移动时为正方向（立式铣床），先想好刀具的移动方向后，再根据方向选择正负按钮，不要先任意移动刀具，发现方向不对时再反向。

9）出现其他状况或紧急情况，请按下急停按钮。如果按下机床操作面板上的急停按钮，机床的运动会立即停止。该按钮按下后会被锁住，尽管由于机床制造者的不同，按钮的形式不同，但通常该按钮可以通过旋转而解锁。急停切断了电机的电流，在按钮解锁之前，必须找出故障的原因，排除故障。

10）要防止刀具超过行程终点，可用超程检查和行程限位检查。

项目2

程序录入、编辑与模拟

教学目标

1. 能够正确完成程序的手工录入与编辑
2. 能对加工程序进行路径模拟

任务1　掌握FANUC数控程序的编辑

任务分析

编辑操作包括插入、修改、删除和字的替换、删除程序、新建程序等，机床操作面板上有一个存储器保护钥匙开关，当输入、编辑、修改程序时需将钥匙开关置于“ON”位置，进行其他操作时，此开关可置于“OFF”位置。

1. 程序号的检索

存储器中可以同时装入多组程序，每组程序有一个程序号，其检索方法如下：

1）选择编辑方式。

2）按 PRGRM 键。

3）按地址键 O，接着键入欲选的程序号数值。

4）按向下的方向键，则画面为被选程序组的程序头。

5）如果没有该程序，则显示错误，按 PRGRM 键即可。

2. 新建程序

新建程序方法如下：

1）选择“编辑”方式。

2）按“PRGRM”键。

3）键入地址 O 及要新建的程序号。

4）按“INSRT”键，按“EOB”后即可进行其他操作。

3. 删除程序

删除程序操作步骤如下：

1）选择“编辑”方式。

2）按“PRGRM”键。

3）键入地址 O 和要删除的程序号。

4）按“DELET”键，可以删除程序号所制定的程序。

4. 字的检索、插入、替换与删除

字是一个地址后面带有一个数字或宏程序指令。一个字就是一个编辑单元。

（1）检索

检索可以按方向键检索也可以直接检索字。

1）按方向键检索如项目图 2.1 所示，按方向键即可。

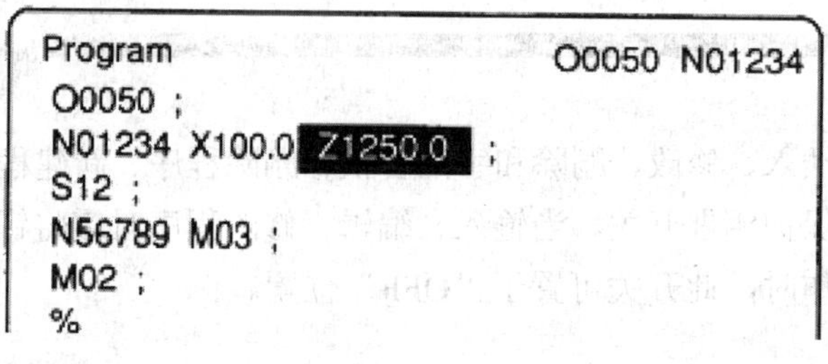
Program O0050 N01234
O0050 ;
N01234 X100.0 Z1250.0 ;
S12 ;
N56789 M03 ;
M02 ;
%

项目图 2.1 按方向键检索

2）检索字，例如检索 S12 如项目图 2.2 所示。

（2）插入

插入字，如插入 T15，如项目图 2.3 所示，其步骤为：

1）检索或扫描插入位置前的字。

2）键入将要插入的地址字。

3）键入数据。

4）按下“INSERT”键,即可把的字插入在后面。

例如）检索S12

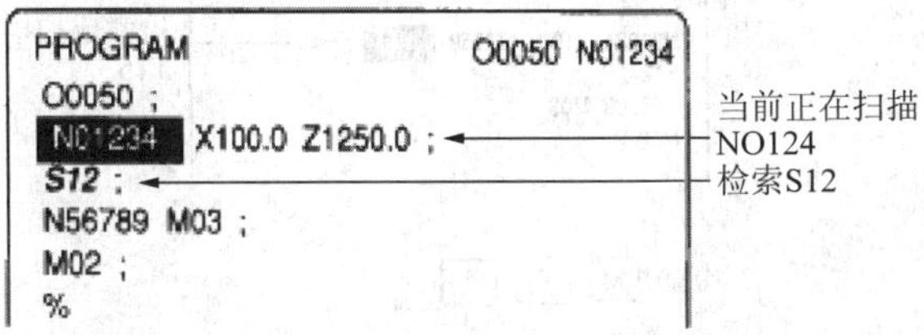
PROGRAM O0050 N01234
O0050 ;
N01234 X100.0 Z1250.0 ;
S12 ;
N56789 M03 ;
M02 ;
%
当前正在扫描
NO124
检索S12

1. 键入地址 S 。
2. 键入[1][2]。
   - 如果仅输入S1就不能检查S12。
   - 如果仅输入S09就不能检查S9。
   - 如果要检查S09就必须输入S09。
3. 按下[SRH↓]键开始检索过程。
   检索完成后，光标显示在S12上。
   若按下[SRH↑]而不是[SRH↓]键，就会执行相反方向的检索操作。

项目图 2.2　SHR 检索字

示例：插入 T15

1. 检索或扫描 Z1250

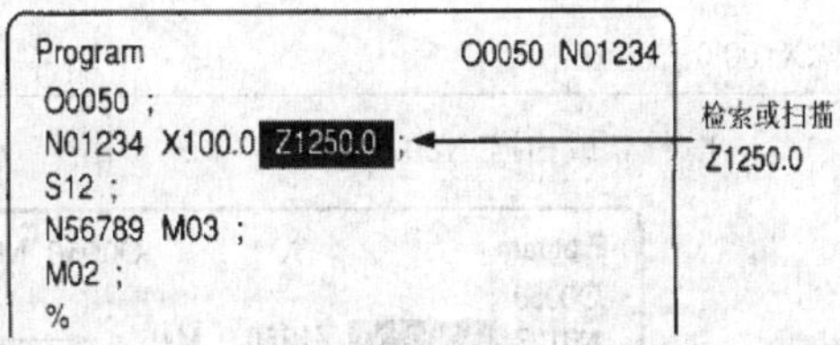
Program O0050 N01234
O0050 ;
N01234 X100.0 Z1250.0 ;
S12 ;
N56789 M03 ;
M02 ;
%
检索或扫描
Z1250.0

2. 键入[T] [1] [5] 。
3. 按下[INSERT]键。

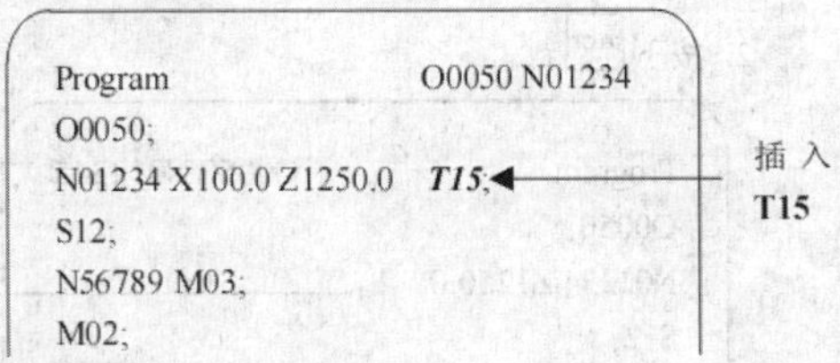
Program O0050 N01234
O0050;
N01234 X100.0 Z1250.0 T15;
S12;
N56789 M03;
M02;
插 入
T15

项目图 2.3　插入

（3）替换

替换字，如将 T15 替换为 M15，如项目图 2.4 所示。

示例：将T15替换为M15

1. 检索或扫描T15。

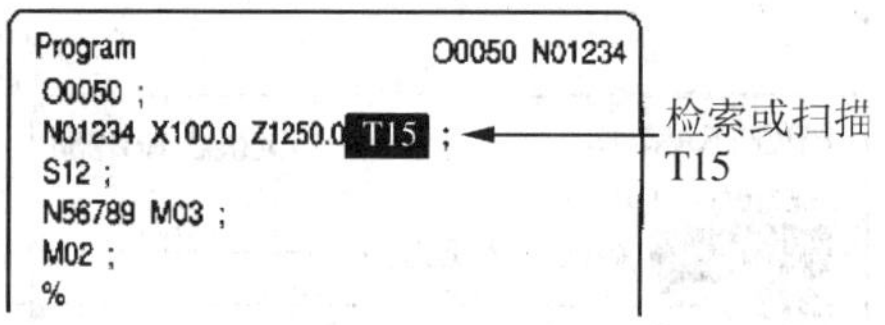
Program O0050 N01234
O0050 ;
N01234 X100.0 Z1250.0 T15 ;
S12 ;
N56789 M03 ;
M02 ;
%
检索或扫描
T15

2. 键入 M 1 5 。

3. 按下 ALTER 键。

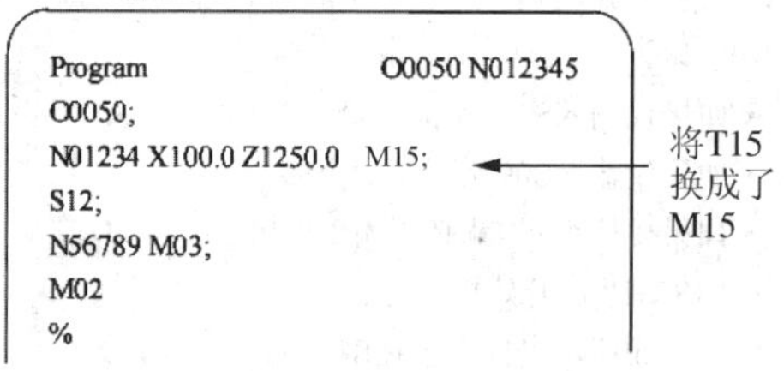
Program O0050 N012345
O0050;
N01234 X100.0 Z1250.0 M15;
S12;
N56789 M03;
M02
%
将T15
换成了
M15

项目图 2.4　替换

（4）删除

删除字，如删除 X100.0，如项目图 2.5 所示。

1）检索或扫描将要删除的字。

2）按下“DELET”键。

示例：删除X100.0

1. 检索或扫描X100.0 。

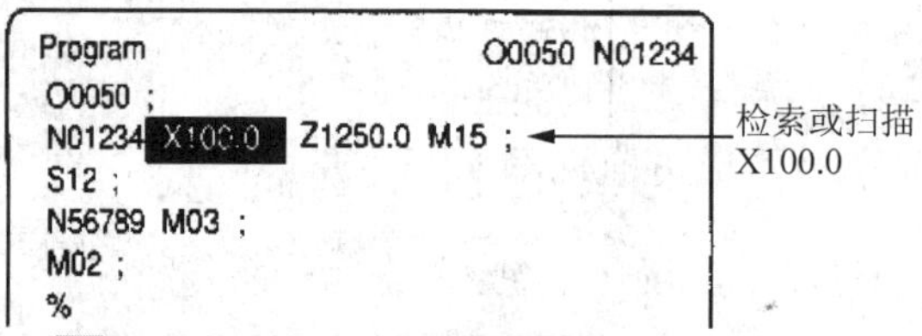
Program O0050 N01234
O0050 ;
N01234 X100.0 Z1250.0 M15 ;
S12 ;
N56789 M03 ;
M02 ;
%
检索或扫描
X100.0

2. 按下 DELETE 键。

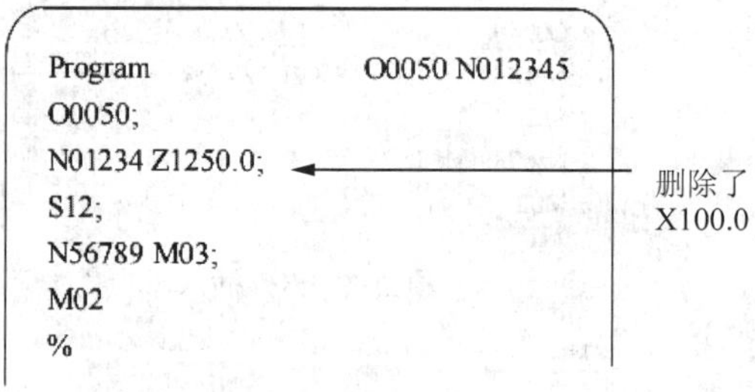
Program O0050 N012345
O0050;
N01234 Z1250.0;
S12;
N56789 M03;
M02
%
删除了
X100.0

项目图 2.5　字的删除

5. 程序的复制

程序的复制如项目图 2.6 所示。

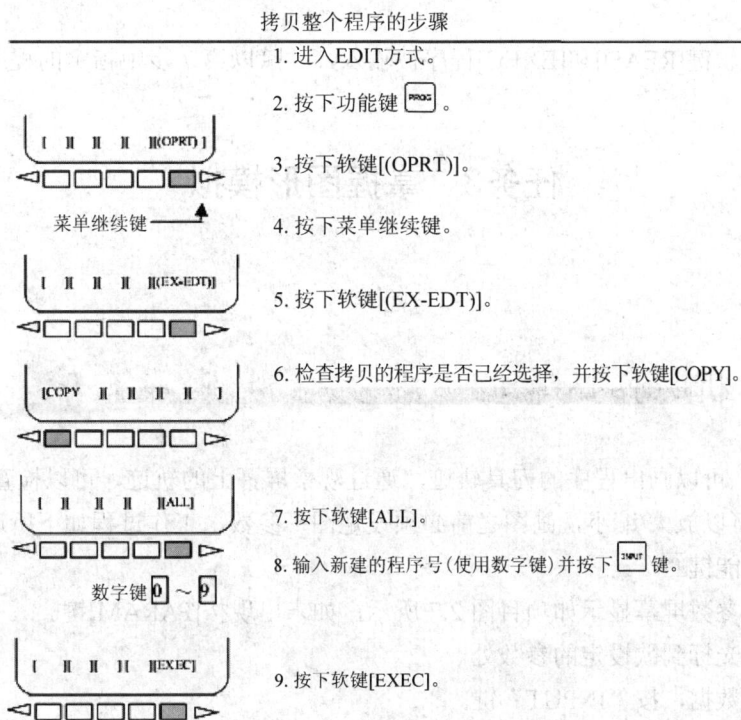

拷贝整个程序的步骤

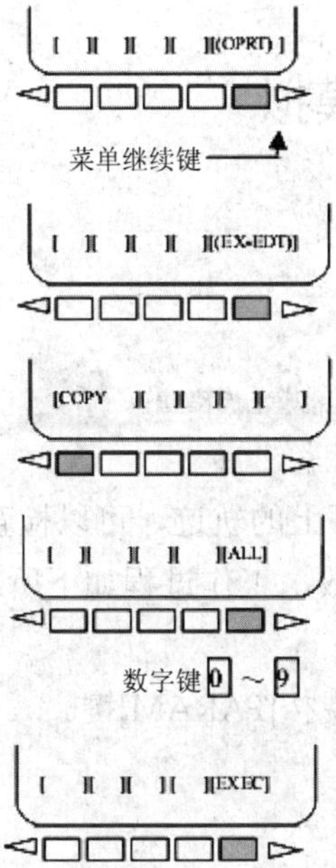

1. 进入EDIT方式。
2. 按下功能键 PROG 。
3. 按下软键[(OPRT)]。
4. 按下菜单继续键。
5. 按下软键[(EX-EDT)]。
6. 检查拷贝的程序是否已经选择，并按下软键[COPY]。
7. 按下软键[ALL]。
8. 输入新建的程序号(使用数字键)并按下 INPUT 键。
9. 按下软键[EXEC]。

项目图 2.6　程序的复制

任务2　如何从电脑或其他设备传入程序

任务分析

从电脑或其他设备传入程序的步骤为：

1）请确认输入设备是否准备好。

2）选择“编辑”方式。

3）按下功能键“PROG”显示程序内容显示屏幕或者程序目录屏幕。

4）按下软键[（OPRT）]。

5）按下最右边的软键▷菜单继续键。

6）输入地址 O 后，输入赋值给程序的程序号，如果不指定程序号，就会使用电脑的程序号。

7）按下软键[READ]和[EXEC]程序被输入，并赋以第 7 步中指定的程序号。

任务3　掌握图形模拟

任务分析

在屏幕上可以画出程序的刀具轨迹，通过观察屏幕上的轨迹，可以检查加工过程，显示的图形可以放大/缩小，画图之前必须设定图形参数，工作过程如下所述：

1）按功能键CUSTOM GRAPH。

2）图形参数屏幕显示如项目图 2.7 所示，如未出现按[PARAM]键。

3）移动光标到欲设定的参数处。

4）输入数据，按“INPUT”键。

5）重复 2 直到所有的参数被设定步。

6）按[GRAPH]键。

7）启动自动运行，机床开始移动，刀具轨迹描绘如项目图 2.8 所示。

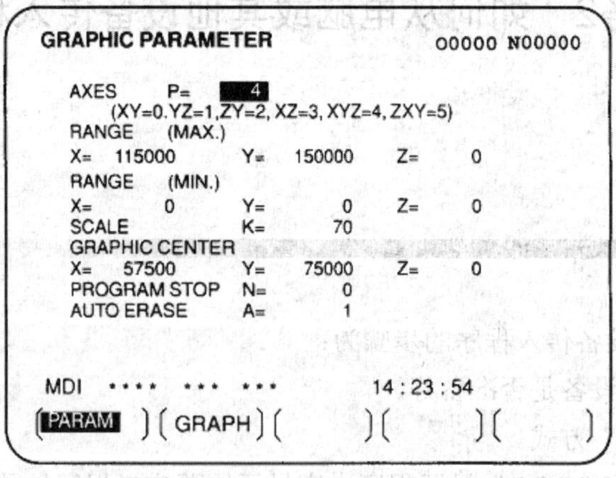

项目图 2.7　图形参数屏幕

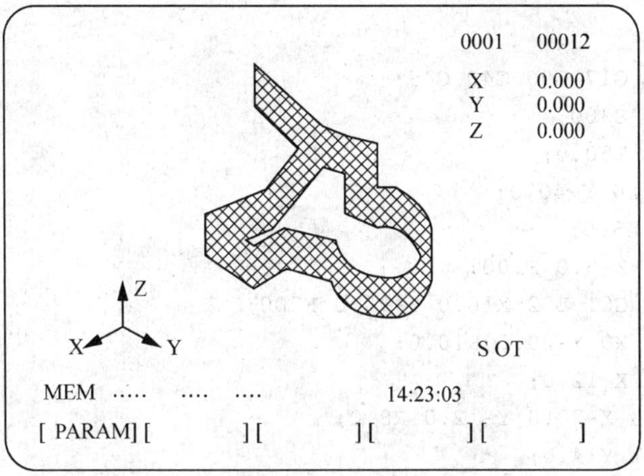

项目图 2.8 刀具轨迹

任务4 进行背景编辑

当执行一个程序时，编辑另一个程序称为背景编辑。编辑方法和通常的前景编辑方法一样，背景操作中编辑的程序应该通过以下的操作注册到前景程序的内存中，在背景编辑中所有的程序都不能被立即删除。

1）进入EDIT或者 MEMORY方式（MEMORY方式即使在程序执行时也是允许的）。

2）按下功能键“PROG”。

3）按下软键[（OPRT）]，然后按下软键[BG-EDT]，背景操作编辑屏幕（PROGRAM显示在屏幕的左上[BG-EDIT]角）。

4）在背景操作中编辑程序 方法和在前景操作一样。

5）编辑完成后按下软键[（OPRT）] 然后按下软键[BG-EDT] 被编辑的程序就注册到前景程序内存中了。

任务5 掌握程序的录入与模拟操作

■任务分析

1. 程序的输入

输入以下程序

```
O1;
N10 G54 G17 G90 G40 G49;
N20 M03 S300;
N30 G00 Z50.0;
N40     X0 Y-40.0;
N50     Z5.0;
N60 G01 Z-5.0 F100;
N70 G41 G01 D02 X10.0 Y-30.0 F200;
N80 G03 X0 Y-20.0 R10.0;
N90 G01 X-12.0;
N100 G03 X-20.0 Y-12.0 R8.0;
N110 G01 Y14.0;
N120 G02 X-8.0 Y14.0 I6.0 J0;
N130 G01 Y0;
N140 G03 X8.0 Y0 I8.0 J0;
N150 G01 Y18.0;
N160 G02 X10.0 Y20.0 R2.0;
N170 G01 X18.0 ;
N180 G02 X20.0 Y18.0 R2.0;
N190 G01 Y-12.0 ;
N200     X12.0 Y-20.0;
N210     X0;
N220 G03 X-10.0 Y-30.0 R10.0;
N230 G40 G01 X0 Y-40;
N240 G00 Z50.0;
N250 M05;
N260 M30;
```

2. 程序中字、顺序号的检索

程序中字、顺序号的检索为

1）按复位键可使光标返回到程序开头。

2）按方向键移动光标位置。

3）快速定位到N130。

4）快速定位到S300。

3. 程序的检查及调试

（1）单项校验法

单项校验是对加工程序的单项内容逐项进行校验，通常校验的内容有：①校验程序段格式；②校验指令代码；③校验计算数值；④校验自动补偿。

（2）综合校验法

各种单项校验法，只能校验出加工程序中某一方面有无错误，而且程序校验时，要逐项进行，很费时间，且个别项目也无此必要。而综合校验法即一次可对多项内容时行综合校验，常用方法如下：

1）自动运行校验，即不安装工件，运行程序。

2）图形模拟校验如前所述。

3）试切核验：在加工大批量零件之前，用硬木、石蜡、塑料或铝材试切。

在校验中，机床有以下功能：

1）机床锁住。刀具不移动而显示位置的变化。

2）辅助功能锁住。即禁止执行 M、S、T 等指令。

3）*Z* 轴锁住。即 *Z* 方向不移动。

4）空运行。刀具按机床参数设定的速度移动，与程序中指定的进给速度无关。

5）单程序段。即按一次启动键，机床运行一个程序段或一个指令。

选用适当的方法校验程序。

4. 程序的模拟

程序的模拟如下：

1）设置好图形参数。

2）转到图形模拟。

3）锁住机床或进行其它设置。

4）按循环启动。

5）看图形。

5. 程序的编辑

程序的编辑可以直接修改，如：

1）把 N70 中的 X10.0 Y-30.0 改成 X15.0 Y−35.0。

2）把 N80 中的 R10.0 改成 R15.0。

3）把 N220 这行程序段删除。

4）再插入 N220 G03 X-15.0 Y-35.0 R15.0。

5）再运行程序模拟。

注意事项

1）按 EOB 键输入"；"，这是程序段结束符。

2）没有小数点部分，也要养成输入小数点的习惯。

3）输入时尽量少看键盘，做到盲打，以便提高效率。

4）机床锁住后，要回零后才能加工。

5）不要随意删除别人的程序或全部程序。

6）循环启动前要设定好进给速度倍率与快速移动倍率，尽量低，然后再缓慢增加。

项目3

工装与对刀

教学目标

1. 掌握虎钳及工件的找正、装夹方法
2. 掌握工件的对刀方法——“取中法”，会利用G54设定工件坐标系
3. 能根据加工需要调节主轴的转速

任务1　掌握工件的安装与夹紧

任务分析

在数控机床上常用的夹具类型有通用夹具、组合夹具、专用夹具、成组夹具等，在选择时要综合考虑各种因素，选择最经济、合理的夹具。

1. 螺栓压板

利用T形槽螺栓和压板可以将工件固定在机床工作台上。装夹工件时，需根据工件装夹精度要求，用百分表等找正工件。

2. 机用虎钳

形状比较规则的方形零件铣削时常用虎钳装夹，方便灵活，适应性广。当加工精度要求较高，需要较大的夹紧力时，可采用较高精度的机械式或液压式虎钳。

虎钳在数控铣床工作台上的安装要根据加工精度要求控制钳口与 X 或 Y 轴的平行度，零件夹紧时要注意控制工件变形和一端钳口上翘。

3. 铣床用卡盘

当需要在数控铣床上加工回转体零件时，可以采用三爪卡盘装夹，对于非回转零件可采用四爪卡盘装夹。

铣床用卡盘的使用方法与车床卡盘相似，使用时用 T 形槽螺栓将卡盘固定在机床工作台上即可。

注意事项

在工件装夹时需注意以下问题：

1）安装工件时，应保证工件在本次定位装夹中所有需要完成的待加工面充分暴露在外，以方便加工，同时考虑机床主轴与工作台面之间的最小距离和刀具的装夹长度，确保在主轴的行程范围内能使工件的加工内容全部完成。

2）夹具在机床工作台上的安装位置必须给刀具运动轨迹留有空间，不能和各工步刀具轨迹发生干涉。

3）夹点数量及位置不能影响刚性。

使用刀具时，首先应确定数控铣床要求配备的刀柄及拉钉的标准和尺寸（ 这一点很重要，一般规格不同无法安装），根据加工工艺选择刀柄、拉钉和刀具，并将它们装配好，然后装夹在数控铣床加工中心的主轴上。

任务2　加工中心手动换刀过程

任务分析

手动在主轴上装卸刀柄的方法如下：

1）确认刀具和刀柄的重量不超过机床规定的许用最大重量。

2）清洁刀柄锥面和主轴锥孔。

3）左手握住刀柄，将刀柄的键槽对准主轴端面键垂直伸入到主轴内，不可倾斜。

4）右手按下换刀按钮，压缩空气从主轴内吹出以清洁主轴和刀柄，按住此按钮，直到刀柄锥面与主轴锥孔完全贴合后，松开按钮，刀柄即被自动夹紧，确认夹紧后方可松手。

5）刀柄装上后，用手转动主轴检查刀柄是否正确装夹。

6）卸刀柄时，先用左手握住刀柄，再用右手按换刀按钮（否则刀具从主轴内掉下，可能会损坏刀具、工件和夹具等），取下刀柄。

注意事项

装卸刀柄需要注意以下问题：

1）应选择有足够刚度的刀具及刀柄，同时在装配刀具时保持合理的悬伸长度，以避免刀具在加工过程中产生变形。

2）卸刀柄时，必须要有足够的动作空间，刀柄不能与工作台上的工件、夹具发生干涉。

3）换刀过程中严禁主轴运转。

任务3 对 刀

任务分析

对刀的目的是通过刀具或对刀工具确定工件坐标系与机床坐标系之间的空间位置关系，并将对刀数据输入到相应的存储位置。它是数控加工中最重要的操作内容，其准确性将直接影响零件的加工精度。对刀操作分为 *X*、*Y* 向对刀和 *Z* 向对刀。

1. 对刀方法

根据现有条件和加工精度要求选择对刀方法，可采用试切法、寻边器对刀、机内对刀仪对刀、自动对刀等。其中试切法对刀精度较低，加工中常用寻边器和 *Z* 向设定器对刀，效率高，能保证对刀精度。

2. 对刀工具

（1）寻边器

寻边器主要用于确定工件坐标系原点在机床坐标系中的 *X*、*Y* 值，也可以测量工件的简单尺寸。

寻边器有偏心式和光电式等类型，其中以光电式较为常用。如项目图 3.1 所示，光电式寻边器的测头一般为 10mm 的钢球，用弹簧拉紧在光电式寻边器的测杆上，碰到工件时可以退让，并将电路导通，发出光讯号，通过光电式寻边器的指示和机床坐标位置即可得到被测表面的坐标位置。

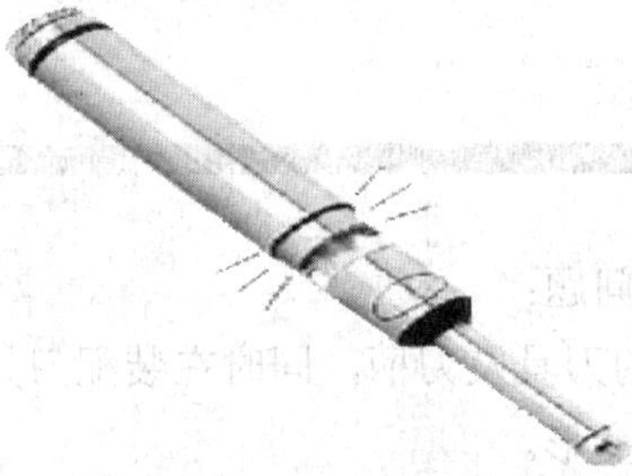

项目图 3.1　光电式寻边器

（2）*Z* 轴设定器

Z 轴设定器主要用于确定工件坐标系原点在机床坐标系的 *Z* 轴坐标，或者说是确定刀具在机床坐标系中的高度。

Z 轴设定器有光电式和指针式等类型，通过光电指示或指针判断刀具与对刀器是否接触，对刀精度一般可达 0.005mm。*Z* 轴设定器带有磁性表座，可以牢固地附着在工件或夹具上，其高度一般为 50mm 或 100mm，如项目图 3.2 所示。

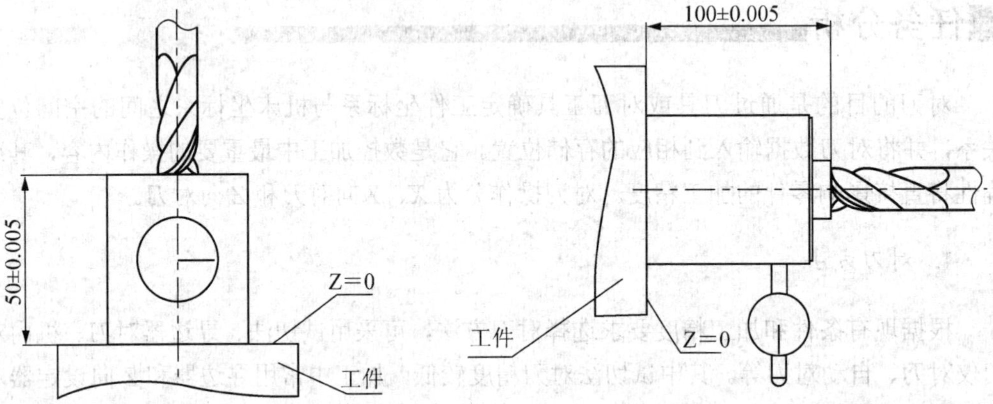

(a) 立式对刀　　(b) 卧式对刀

项目图 3.2　Z 轴设定器的使用

3. G54~G59 工件坐标系的设定

先用“取中法”获取工件坐标第在机床坐标系中的位置坐标，再按下直到切换进入工件坐标系设定页面：

以设置工件坐标 G58 X-100.00 Y-200.00 Z-300.00 为例。

用 PAGE↓或↑键在 No.1～No.3 坐标系页面和 No.4～No.6 坐标系页面（如项目图 3.3 所示）之间切换；No.1~No.6 分别对应 G54~G59。

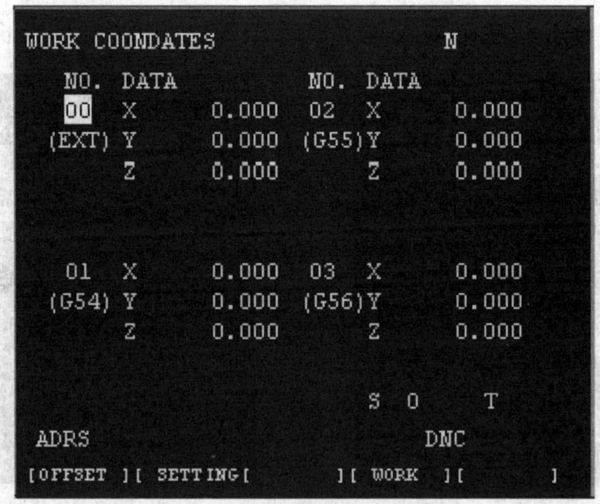

项目图 3.3 G54~G59 工件坐标系的设定

用 CURSOR↓或↑选择所需的坐标系 G58；如项目图 3.4 所示。

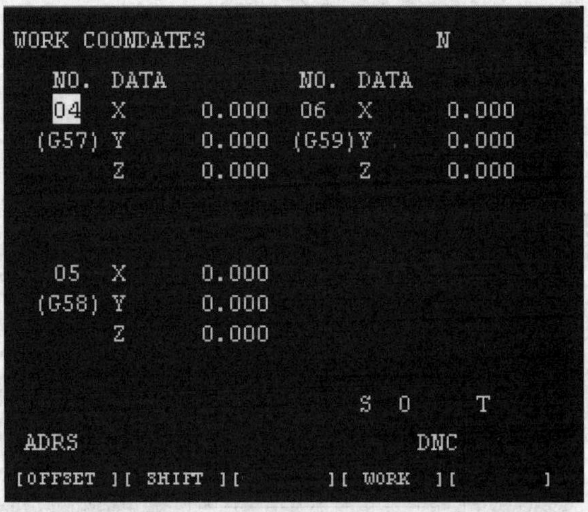

项目图 3.4 G54~G59 工件坐标系的设定

输入地址字（*X*/*Y*/*Z*）和数值到输入域，即“X-100.00”。按键，把输入域中的内容输入到所指定的位置；再分别输入“Y-200.00”按键，“Z-300.00”按键完成了工件坐标原点的设定。

4. 铣床/加工中心输入刀具补偿

单击直到切换进入半径补偿参数设定页面，如项目图 3.5 所示。

选择要修改的补偿参数编号，点击 MDI 键盘，将所需的刀具半径输入到输入域内。按键，把输入域中间的补偿值输入到所指定的位置。

同样的方法进入长度补偿参数设定页面（如项目图 3.6）设置长度补偿。

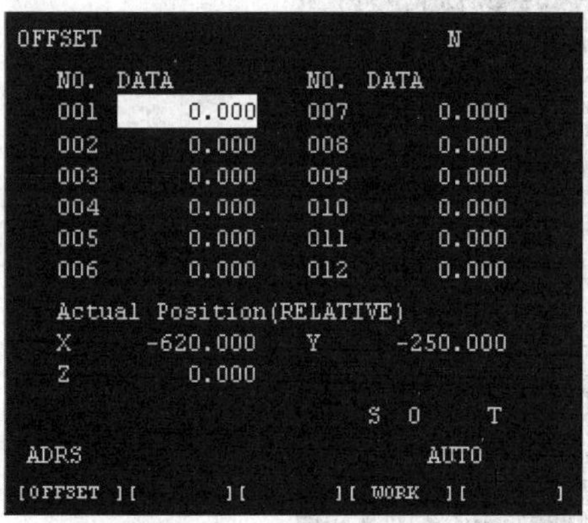

项目图 3.5 半径补偿参数设定

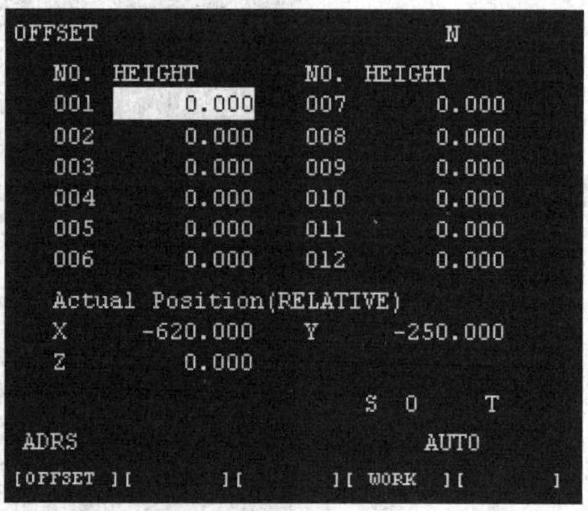

项目图 3.6 长度补偿参数设定

如项目图 3.7 所示零件，采用寻边器对刀，其详细步骤如下所述。

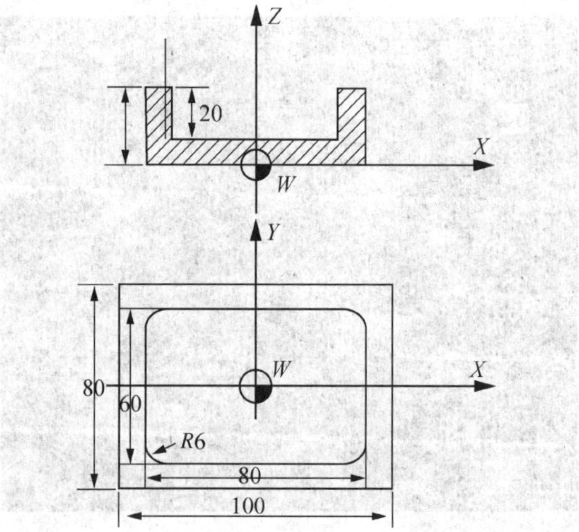

项目图 3.7 寻边器对刀

（1）*X*、*Y* 向对刀

X、*Y* 向对刀步骤为：

1）将工件通过夹具装在机床工作台上，装夹时，工件的四个侧面都应留出寻边器的测量位置。

2）快速移动工作台和主轴，让寻边器测头靠近工件的左侧。

3）改用微调操作，让测头慢慢接触到工件左侧，直到寻边器发光，记下此时机床坐标系中的 *X* 坐标值，如-310.300。

4）抬起寻边器至工件上表面之上，快速移动工作台和主轴，让测头靠近工件右侧。

5）改用微调操作，让测头慢慢接触到工件左侧，直到寻边器发光，记下此时机械坐标系中的 X 坐标值，如-200.300。

6）若测头直径为 10mm，则工件长度为-200.300-（-310.300）-10=100，据此可得工件坐标系原点 *W* 在机床坐标系中的 *X* 坐标值为-310.300＋100/2＋5=-255.300，如用的是刀具而不是寻边器，可用取中法计算出其中点坐标（-310.3-200.3）/2=-255.3。

7）同理可测得工件坐标系原点 *W* 在机械坐标系中的 *Y* 坐标值。

（2）*Z* 向对刀

Z 向对刀步骤为：

1）卸下寻边器，将加工所用刀具装上主轴。

2）将 *Z* 轴设定器（或固定高度的对刀块，以下同）放置在工件上平面上。

3）快速移动主轴，让刀具端面靠近 *Z* 轴设定器上表面。

4）改用微调操作，让刀具端面慢慢接触到 *Z* 轴设定器上表面，直到其指针指示到零位。

5）记下此时机床坐标系中的 *Z* 值，如－250.800。

6）若 Z 轴设定器的高度为 50mm，则工件坐标系原点 *W* 在机械坐标系中的 *Z* 坐标值为－250.800－50－（30－20）=－310.800。

（3）对刀参数存储

将测得的 *X*、*Y*、*Z* 值输入到机床工件坐标系存储地址中（一般使用 G54－G59 代码存储对刀参数），实现了对刀参数的存储。

注意事项

对刀时需要注意：

1）根据加工要求采用正确的对刀工具，控制对刀误差。

2）在对刀过程中，可通过改变微调进给量来提高对刀精度。

3）对刀时需小心谨慎操作，尤其要注意移动方向，避免发生碰撞危险。

4）对刀数据一定要存入与程序对应的存储地址，防止因调用错误而产生严重后果。

实践操作

1. 百分表找正虎钳、装夹工件

（1）直接在工作台上找正安装

在单件或少量生产以及在不便使用夹具夹持的情况下，常采用这种方法，如项目图 3.8 所示，操作方法如下：

1）将工件轻轻夹持在机床的工作台上。

2）以工件上某个表面作为找正的基准面，移动工作台，用百分表等工具找正，以确定工件移动到机床上的正确位置，找正再夹紧工件。

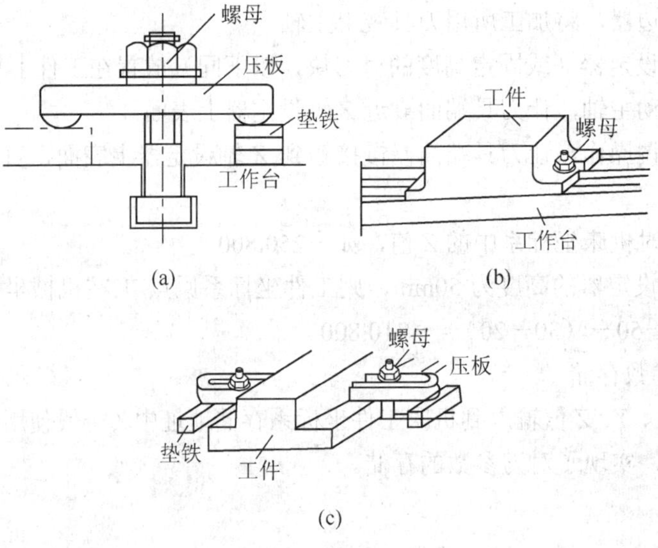

项目图 3.8　压板螺母装夹工件

（2）用机用平口虎钳找正安装工件

在单件或小批生产中，用机用平虎钳找正安装工件，适用于装夹尺寸不大的工件。操作方法如下：

1）找正固定钳口位置。虎钳的固定钳是工件装夹时的定位支撑面。在卧式机床上加工零件时，要求固定钳口平面不但要垂直于工作台台面，而且必须和主轴相平行。而在立式机床上加工零件时，则只要求固定钳口和工作台台面垂直。至于钳口在水平面内的位置，可根据工件的长度来确定。对于长的工件，钳口应与进给方向平行；对于短的工件，则最好与进给方向垂直，以便由刚性较好的固定钳口来承受水平切削分。

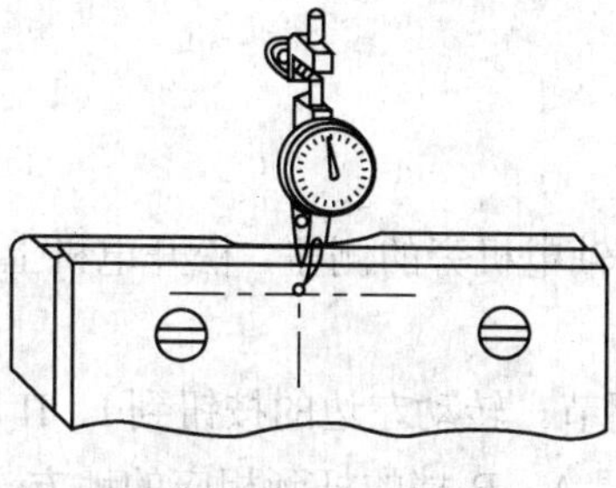

项目图 3.9　钳口的校正

固定钳口位置可用百分表来找正，如项目图 3.9 所示。先将表座固定在机床主轴或床身上，并使百分表测头和钳口平面相接触，然后利用横向（或纵向）工作台的移动及升降工作台的上下运动，找出钳口平面在水平和垂直两个方向的误差。水平方向的误差可用转动钳身的方法来纠正；而垂直方向的误差，可以松开钳口铁的紧固螺钉，在钳口铁内侧垫上适当厚度的铜片来纠正。

2）装夹工件：①选择合适的垫铁以保证加工平面略高于钳口。②将工件放在钳口内的垫铁上，并使侧基准面紧靠固定钳口。③转动虎钳手柄，加预紧力。若与活动钳口相接触的一面（工件）不平整，可在活动钳口与工件之间放一铜片。④用锤子轻轻敲击工件，以手不能轻易推动垫铁为宜。⑤转动手柄，紧固工件，以防松动而影响加工精度或损坏设备及伤人。

（3）用专用夹具找正安装工件

在大批量生产中，为了提高生产效率，常常针对某一具体工件的加工，设计专用夹具。专用夹具除手动的外，还有气压、液压、气液压、电动、电磁等传动的。使用这类夹具安装工件，定位方便、准确，夹紧迅速、可靠。操作方法如下：

1）找正夹具的位置，夹具体上一般有一个基准面，用来作为夹具的制造和夹具安装的基准。找正时可先将百分表固定在机床主轴或床身上，并将表的测头和基准面接触，然后移动工作台，调整夹具位置使夹具基准面与工作台移动方向平行。

2）工件安装，清洁工件定位面及夹具定位元件，将工件放在定位元件上并紧贴定位元件，最后夹紧工件。

2. 装夹工件

安装好 65×80×25 的工件或ϕ100×35 的工件。

3. *X*/*Y*/*Z* 向对刀 G54 设定工件坐标系如下：

1）*X*/*Y* 向对刀，记录数据。

2）*Z* 向对刀，记录相关数据。

3）G54 设定工件坐标系。

4. 调节主轴的转速

1）1～4 挡调节。打开主轴电机旁的侧盖，松开电机上的螺钉，把电机向主轴移动，再把 V 带调整到其他的位置。

2）I、II 挡及正、反向调节。转动左边的按钮到 I、II 即可。

3）A、B 挡调节。搬动调 A、B 挡的杆到相应的地方，再用手转动主轴，使齿轮完全啮合，否则会打齿的。

5. 校验所对的刀

在 MDI 方式下，用 G54 G90 G01 X0 Y0 F300；检验刀具是不是在（0,0）这点，用 G54 G90 G01 Z100 F200；检验刀具在不在 Z100 这个高度。

注意事项

对刀时需要注意：

1）安装的工件要夹紧。

2）对刀前要确认已回好零。

3）圆形工件在虎钳上安装时，可在两侧面加工两个平行的装夹面。

4）输入 G54～G59 数据时，不要输入到其他的位置上了。

5）调 A、B 档时，要确认齿轮完全啮合。

巩固训练

1. 键盘上每个键有两个字符，怎样输入这两个字符？

2. 默写或画出你所操作的机床的键盘及相关按键的位置。

3．INPUT 与 INSERT 的作用是什么？有什么区别？
4．怎样找正虎钳？
5．在虎钳上怎样安装好工件？
6．你所操作的机床有多级转速，分别为多少？
7．怎样把刀具放入到刀库中指定的位置（如第 3 个位置）？
8．在机床上输入下面的宏程序，模拟后画出其运行轨迹。

```
O1000;
N10 #100=1.0;
N20 #101=0;
N30 #102=361.0;
N40 #103=45.0;
N50 #104=25.0;
N60 #105=-10.0;
N70 G54 G17 G49 G90 G40;
N80 M03S600;
N90 G00 Z50.0;
N100   X[#103+30.0] Y0;
N110   Z5.0;
N120 G01 Z#105 F100;
N130 G01 G42 X[#103+15.0] Y-15.0 D01 F200;
N140 G02 X#103 Y0 R15.0;
N150 #114=#101;
N160 WHILE [ #114 LT #102 ] DO1;
N170 #112=#103*COS[#114];
N180 #113=#104*SIN[#114];
N190 G01 X[ROUND[#112]] Y[ROUND[#113]];
N200 #114=#114+#100;
N210 END1
N220 G02 X[#103+15.0] Y15.0 R15.0;
N230 G40 G01 X[#103+30.0] Y0;
N240 G00 Z50.0;
N250 M05;
N260 M30;
```

项目4

平面铣削

教学目标

1. 学会铣削平面的编程方法
2. 学会铣削斜面的编程方法
3. 掌握 M99 及 GOTO 等转移指令的使用方法

安全规范

1. 在轴锁状态下模拟刀路后，须重新回零一次
2. 开始执行程序加工时，必须使用单步，进给量的倍率由小逐渐增大

技能要求

1. 熟练掌握对刀方法及其 G54 的设置
2. 能正确完成面铣中的手工定位
3. 会正确测量工件厚度（斜角），并通过粗/精面铣加工保证尺寸精度和表面粗糙度
4. 尺寸公差等级达 IT8 级，形位公差等级达 IT8 级，表面粗糙度 R_a 达 3.2

平面铣削是加工中心中常见的加工内容，可以是大平面，也可以是局部平面，还可以是粗加工去残料。

任务1　用盘铣刀铣削无界平面

如项目图 4.1 所示，尽量用盘铣刀，用排刀法走刀，即 *Z* 字形走刀加工。刀具在径

向上要有一定的重合度，以消除刀具圆角或倒角遗留的残留。或根据零件平面形状，自选设计铣削加工的走刀路线。

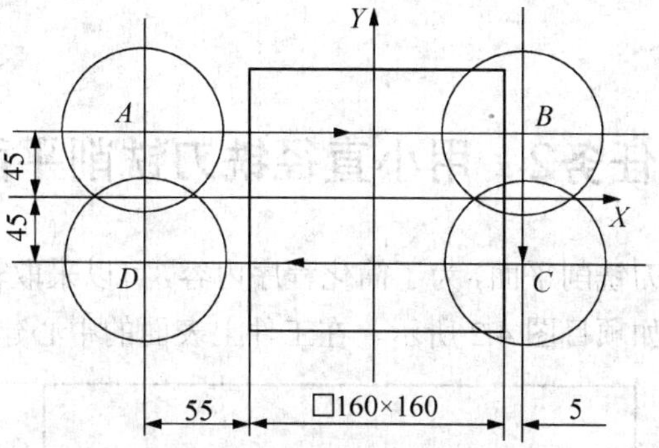

项目图 4.1　用盘铣刀铣平面

平面尺寸为 160×160，刀具选用ϕ100 的盘铣刀，应尽量减少走刀次数。刀具在 *A* 点下刀，按 *A*→*B*→*C*→*D* 路径走刀。程序如下：

```
O0001 (FANUC)
G54G90G40G49;
G00 X-135.0 Y45.0;        刀具至A点
G43G00Z10H01;
M03S350;
G01Z0F150;
X85.0 F70;                B点
Y-45.0;                   C点
X-135.0;                  D点
G00 Z100.0                退刀
M05;
X0Y0;
M30;
LJX2_1 (SIEMENS)
G54G90G40
G00 X-135.0 Y45.0
G00Z10
M03S350
G01Z0F150
X85.0 F70
Y-45.0
X-135.0
G00 Z100.0
```

```
M05
X0Y0
M02
```

任务2　用小直径铣刀铣削平面

如果用小直径铣刀铣削平面，为了简化程序内容，可以采取转移语句或使用子程序，完成重复走刀路径。如项目图4.2所示，在工件上表面的中心建立工件坐标系原点。

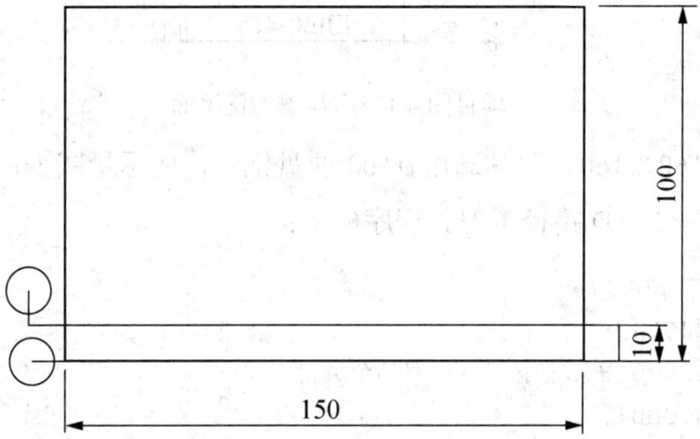

项目图 4.2　用小铣刀铣平面

用ϕ14的立铣刀铣削150×100的平面，程序如下：

```
O0002 (FANUC)
G54G90G40G49G00X-90Y-65;
M03S600;
G00Z0;
N100G91G01X180F120;
Y10F300;
X-180F120;
Y10;
GOTO100;
LJX2_2 (SIEMENS)
G54G90G40G00X-90Y-65
M03S600
G00Z0
AA: G91G01X180F120
Y10F300
```

```
X-180F120
Y10
GOTOB AA
```

当平面铣削完成，按复位键结束铣削，抬刀停机。也可先手动将主轴转起来，将刀具手工定位于起刀点，程序如下：

```
G91G01X180F120;
Y10F300;
X-180F120;
Y10;
M99;
```

平面铣完后，手动结束铣削，手动方式提刀停机。也可以把上述程序作为子程序，在主程序中调用 6~7 次。

任务3　铣削斜平面

铣削斜平面，加工图形如项目图 4.3 所示。

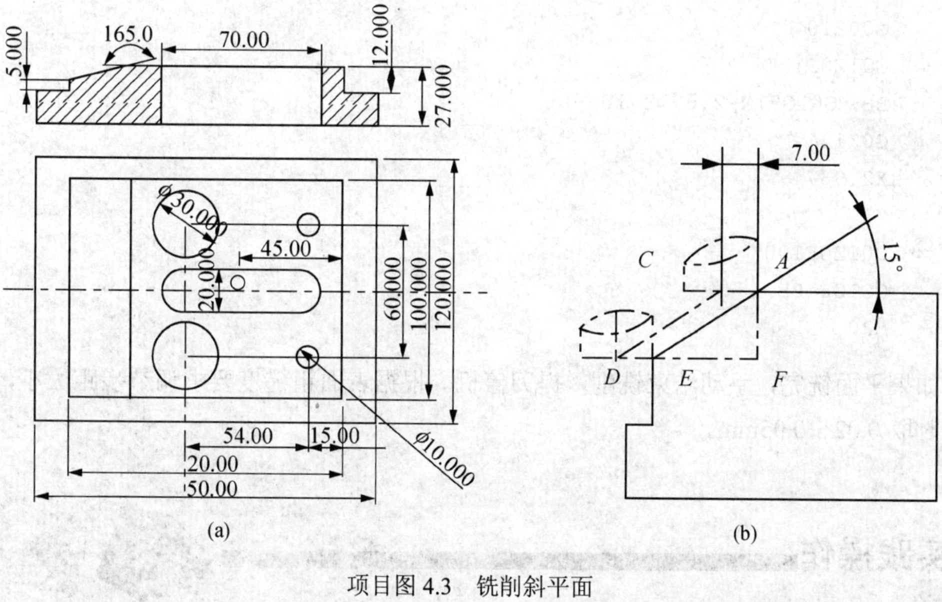

项目图 4.3　铣削斜平面

如项目图 4.3（b）所示，设工件原点在 *O* 点。*Z* 向以工件上表面为 0 点。采用 ϕ14 的立铣刀加工平面，精铣时刀具中心应该是从 *C* 点至 *D* 点。*C* 点与 *D* 点分别是 *A* 点和 *E* 点向左移一个距离，即 *AC*=7，*E* 点的 *X* 坐标是-60，*Z* 坐标是-10，则

$$EF=10tg15°=2.697,$$

A 点的 *X* 坐标是−57.303，*Z* 坐标是 0；因此 *C* 点的 *X* 坐标是−64.303，*Z* 坐标是 0。*D* 点的 *X* 坐标是−67，*Z* 坐标是-10。

从前端面或后端面开始，沿 C-D 轨迹做行切，程序如下：

```
O0003 （FANUC）
G54G90G40G49G00X-64.303Y-59;
M03S500;
G0G43Z10H01;
G01Z0F120;
N100G01G91X-2.697Z-10F60;
G0Z12;
X2.967;
Y1;            步距 1mm。
G01Z0F100;
GOTO100;
M30;
LJX2_3（SIEMENS）
G54G90G40G00X-64.303Y-59
M03S500
G00Z10
G01Z0F120
BB: G01G91X-2.697Z-10F60
G0Z12
X2.967
Y1
G01Z0F100
GOTOB BB
M30
```

如果平面铣完，手动结束铣削，提刀停机。根据表面粗糙度要求调节步距大小，精加工时取 0.02～0.05mm。

实践操作

1. 选用材料及工具

1）设备：加工中心 XH713A。

2）材料：尼龙块（150×120×30，六面光）。

3）工具：活动扳手，平行垫铁，百分表，其他常用加工中心辅具。

4）量具：游标卡尺（0～150mm），万能量角器（0～320°）。

5）刀具：ϕ100 盘铣刀，ϕ14 立铣刀。

6）夹具：虎钳。

7）加工图样：参考项目图 4.1～项目图 4.3。

2. 加工平面及斜面的步骤

加工平面及斜面的步骤如项目图 4.4 所示。

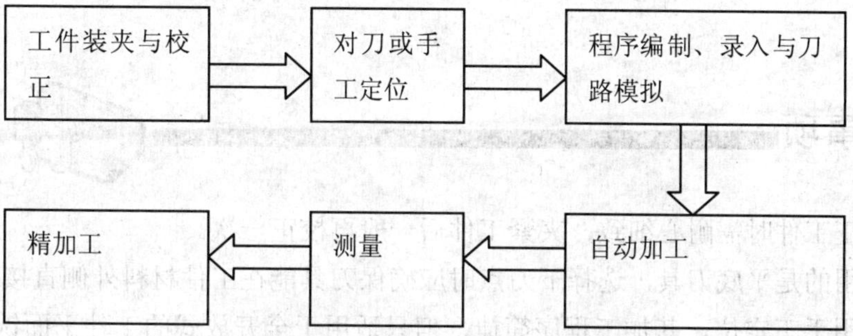

项目图 4.4 加工平面及斜面的步骤

（1）工件装夹与校正

以工件的底平面定位，先用百分表找正上表面和一个侧平面（一般为后侧面），如项目图 4.5 所示。校正完成后，夹紧工件前后两侧。

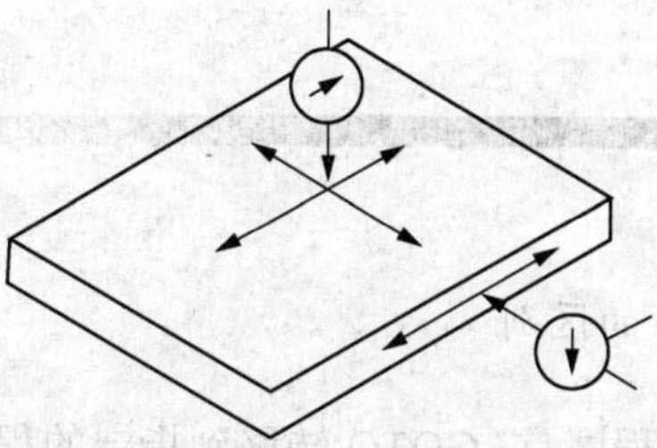

项目图 4.5 百分表找正工件

（2）对刀或手工定位

利用“取中法”对刀 X、Y 向，使用塞尺或直接对刀 Z 向，将工件坐标系原点的机械坐标值输入 G54 参数表中。

若手工定位，应将刀具移至工件左后上角点附近后，再下刀至指定的深度位置，以此作为增量走刀的起始点。

（3）程序编制、录入与刀路模拟

录入编制好的加工程序，并进行刀路模拟。

（4）自动加工

（略）

（5）测量

测量工件厚度（斜面的斜角）。根据精度要求，计算精加工的下刀深度。

（6）精加工

精加工，直至达到要求为止。

注意事项

1）校正工件时需耐心细致，夹紧工件后一般再校正一次。

2）使用的是平底刀具，选择下刀点时应确保刀具能在工件材料外侧直接下刀。

3）利用手工定位，其加工程序简捷，但只适用于全开放式的工件平面铣削。若有干涉面，应考虑不能过切。

4）粗/精铣应分开，精加工的余量合理，测量时必须准确，以便尺寸控制准确。

5）采用轴锁的方法模拟刀路后，必须重新回零一次，防止误动作或撞刀。

知识探究

1. 转移指令 M99 与 GOTO 的区别

M99 用于主程序中，转移到程序首；GOTO 转移到指定的程序段处；GOTO 比 M99 使用起来更加灵活、方便。

2. 利用子程序编程

由于走刀路径重复，可以编写子程序，多次调用。其调用次数估算方法为径向宽度/行距的两倍，然后将结果取整。

思考与练习

1．面铣编程中为什么采用增量（G91）走刀？

2．程序中选择的是左右走刀方向，若改为前后方向，程序如何编程？

3．左右（或前后）走刀长度如果不相等，结果会怎样？

4．铣削斜面时如何控制表面粗糙度？

项目5

外形铣削

教学目标

1. 能够编制由直线、圆弧组成的平面轮廓铣削加工程序
2. 懂得 *XY* 平面分层及 *Z* 向分层的思路
3. 能够自行设计平面走刀路线去除残料

安全规范

1. 在轴锁状态下模拟刀路后，须重新回零一次
2. 开始执行程序加工时，必须使用单步，进给量的倍率由小逐渐增大
3. 冷却液须在主轴转动之前开启
4. 自动加工过程中关闭安全门

技能要求

1. 熟练掌握对刀方法及其 G54 的设置
2. 能运用数控加工程序进行由直线、圆弧组成的平面轮廓铣削加工
3. 能通过修改刀具半径补偿值保证尺寸精度
4. 尺寸公差等级达 IT8 级，形位公差等级达 IT8 级，表面粗糙度达 Ra3.2

任务　外形铣削概述

任务分析

平面轮廓铣削是加工中心中常见的加工内容，主要由直线、圆弧组成，是重要的成

型要素之一。加工图样如项目图 5.1 所示，相关分析如下所述。

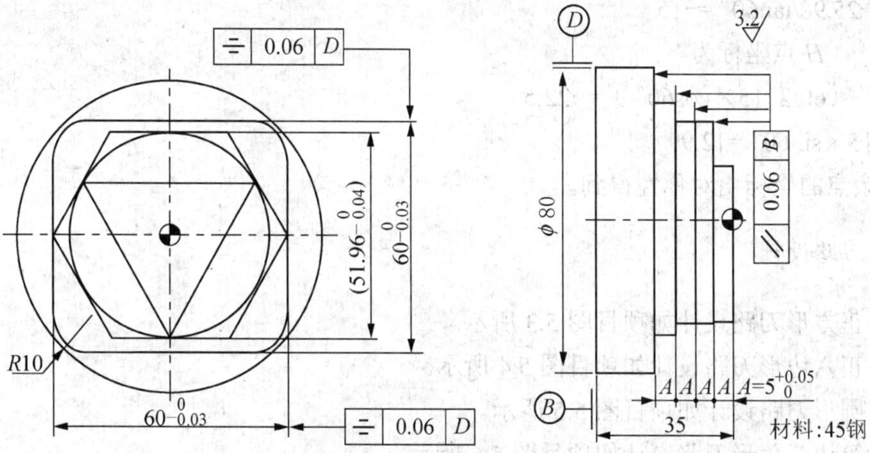

项目图 5.1 外形铣削图样

1. 工艺分析

工件由等边三角形、圆形、正六边形、正方形四个外形组成加工内容，每层高 5mm，Z 向必须进行分层切削。四个外形的加工顺序可以有两种：

1）自上而下：即等边三角形→圆形→正六边形→正方形。

2）自下而上：即正方形→正六边形→圆形→等边三角形。

若采用第 1）种顺序，则等边三角形、圆形、正六边形的周边残料多，需要编制单独的去残料加工程序，其坐标数值计算量与程序量都较多。而采用第 2）种顺序，在铣削底层轮廓时可以把上层的相应残料去除，故以第 2）种加工顺序为宜。

四个轮廓粗加工均进行 Z 向分层，而精加工时直接下刀至外形底面。

2. 数学处理

如项目图 5.2 所示，图中相关点的坐标利用三角函数及勾股定理可以求得，即

A（−15, −25.98）　B（−30,0）

C（−15,25.98）　D（15,25.98）

E（30,0）　F（15,−25.98）

G（0,−25.98）　H（−22.5,12.99）

I（22.5,12.99）

例如，A 点坐标为

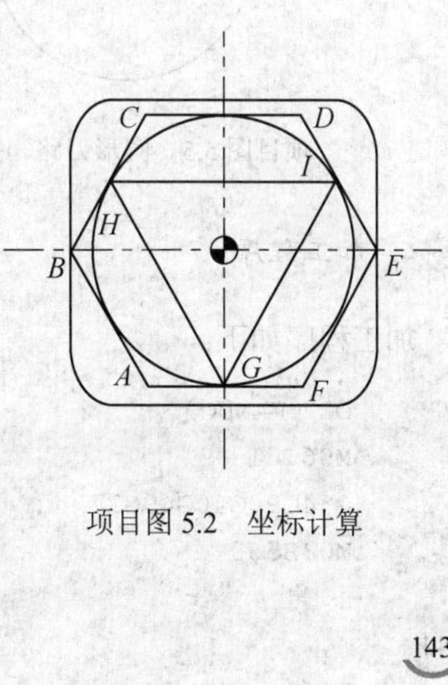

项目图 5.2 坐标计算

Y=−51.96/2=−25.98

X=−25.98/tan60° =−15

H 点坐标为

X=−（60/2−15×cos60°）=−22.5

Y=15×sin60° =12.99

其余点的坐标由对称性得到。

3. 刀路设计

1）正方形刀路设计如项目图 5.3 所示。
2）正六边形刀路设计如项目图 5.4 所示。
3）圆形刀路设计如项目图 5.5 所示。
4）等边三角形刀路设计如项目图 5.6 所示。

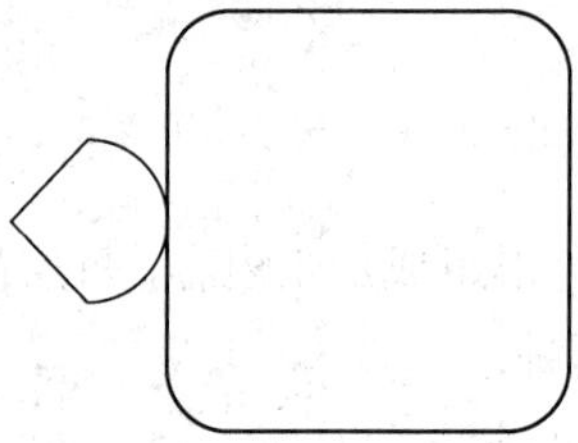

项目图 5.3　正方形刀路

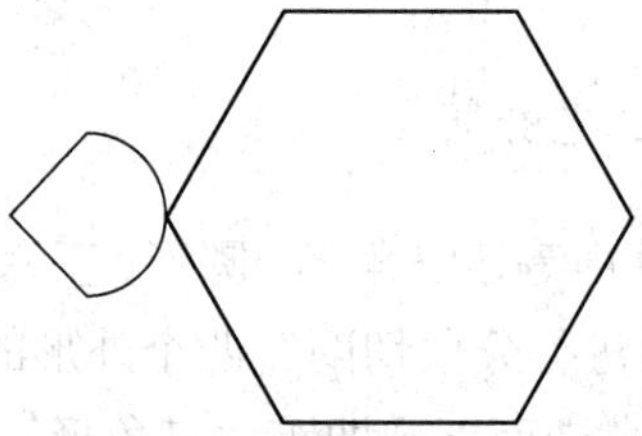

项目图 5.4　正六边形刀路

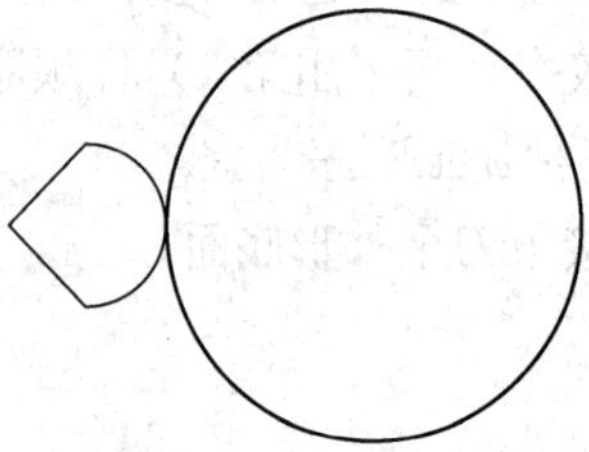

项目图 5.5　圆形刀路

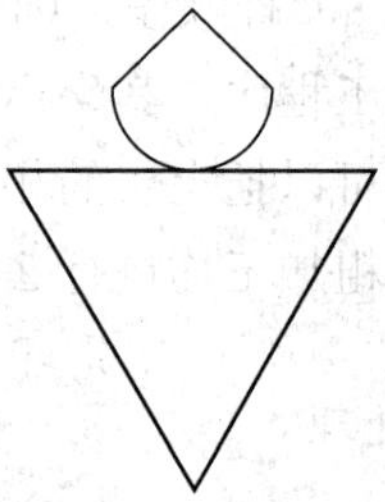

项目图 5.6　等边三角形刀路

4. 加工程序

加工程序如下：

```
O1（FANUC）
M06T01                        换φ16 平底刀 T01，进行粗加工
G54G90G40G49G17
M03S500
```

```
G01G43Z100H01F2000
G00X-50Y0
G01Z0D01                          D01=8.3
M98P80010F100
Z0
M98P60020
Z0
X-45.98Y0
M98P40030
Z2
G00X0Y32.99
G01Z0
M98P20040
G00Z100
G01G49Z150
M05
M06T02                            换φ8平底刀T02，进行精加工
N1000
M03S1000
G01G43Z100H02F2000
G00X-50Y0
G01Z-20D02                        D01=8.3
M98P100F100
Z-15
M98P200
Z-10
X-45.98Y0
M98P300
Z2
G00X0Y32.99
G01Z-5
M98P400
G00Z100
G01G49Z150
M05
M30

O10                               铣正方形下刀子程序
G91G01Z-2.5
G90
```

```
M98P100
M99

O100                          铣正方形轮廓子程序
G91G01G41X10Y-10
G03X10Y10R10
G01Y30,R10
X60,R10
Y-60,R10
X-60,R10
Y30
G03X-10Y10R10
G01G40X-10Y-10
G90
M99

O20                           铣正六边形下刀子程序
G91G01Z-2.5
G90
M98P200
M99

O200                          铣正六边形轮廓子程序
G91G01G41X10Y-10
G03X10Y10R10
G90G01X-15Y25.98
X15
X30Y0
X15Y-25.98
X-15
X-30Y0
G91G03X-10Y10R10
G01G40X-10Y-10
G90
M99

O30                           铣圆形下刀子程序
G91G01Z-2.5
G90
M98P300
```

```
M99
0300                              铣圆形轮廓子程序
G91G01G41X10Y-10
G03X10Y10R10
G02I25.98
G91G03X-10Y10R10
G01G40X-10Y-10
G90
M99

O40                               铣等边三角形下刀子程序
G91G01Z-2.5
G90
M98P400
M99

O400                              铣等边三角形轮廓子程序
G91G01G41X-10Y-10
G03X10Y-10R10
G90G01X22.5
X0Y-25.98
X-22.5Y12.99
X0
G91G03X10Y10R10
G01G40X-10Y10
G90
M99
```

实践操作

1. 选用材料及工具

1）设备：加工中心 XH713A。

2）材料：45 钢（ϕ80×35）。

3）工具：活动扳手，平行垫铁，百分表，其他常用加工中心辅具。

4）量具：外径千分尺（50～75，0.01），深度千分尺（0～25，0.01），R 规（R7～14.5）。

5）刀具：ϕ16、ϕ8 立铣刀。

6）夹具：三爪自定心卡盘、螺杆压板。

2. 外形铣削的步骤

外表铣削的步骤如项目图 5.7 所示。

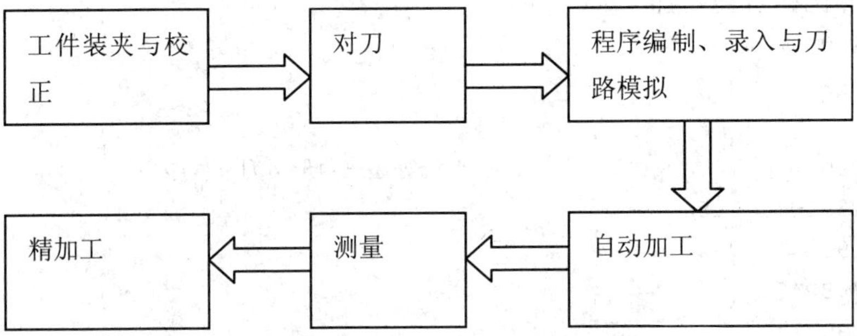

项目图 5.7　外形铣削的步骤

（1）工件装夹与校正

以工件的底平面定位，先用百分表找正上表面和外圆面，如项目图 5.8 所示。校正完成后，夹紧工件。

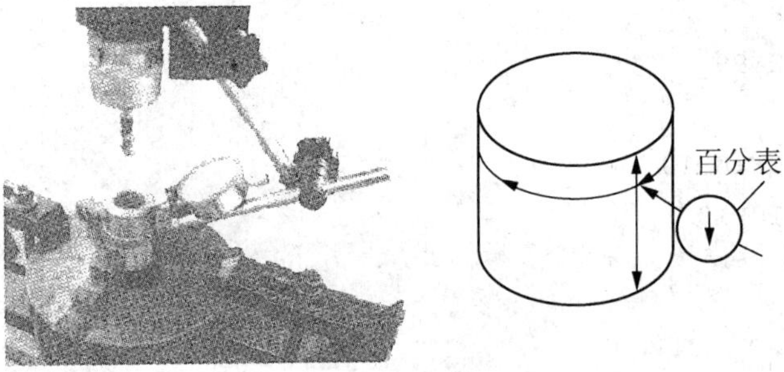

项目图 5.8　百分表找正工件

（2）对刀

利用“取中法”对刀 X、Y 向，使用塞尺或直接对刀 Z 向，将工件坐标系原点的机械坐标值输入 G54 参数表中。

（3）程序编制、录入与刀路模拟

录入编制好的加工程序，并进行刀路模拟。将刀具半径补偿值输入到指定的位置，如 D01=8.3，D02=4.1（半精加工）。

（4）自动加工

（略）

（5）测量

测量工件外形尺寸。根据精度要求，计算半精加工的刀具半径补偿值。

（6）精加工

精加工，直至达到要求为止。

注意事项

设计刀路及编程加工中注意：

1）校正工件时需耐心细致，夹紧工件后一般再校正一次。

2）使用的是平底刀具，选择下刀点时应确保刀具能在工件材料外侧直接下刀。

3）粗/精铣应分开，精加工的余量合理，测量时必须准确，以便尺寸控制准确。

4）采用轴锁的方法模拟刀路后，必须重新回零一次，防止误动作甚至撞刀。

5）刀具半径补偿的建立与取消，一般在子程序中完成。

知识探究

（1）利用子程序编程

由于走刀路径重复，可以编写子程序，简化程序。

（2）精加工程序的处理

进行精加工时，主程序号下增加 GOTO1000，控制程序流向到 T02 的加工部分，可以避免程序重复走刀。

（3）精加工的刀具半径补偿值计算

D02=半精加工的刀具半径补偿值-（实测值-理论值）/2

例如，假设正方形实测值为 60.22，则精加工的刀具半径补偿值为

D02=4.1-（60.22-59.985）/2=3.983

思考与练习

1．使用子程序编程有什么优点？

2．试编制由上而下加工工件的程序，并与由下而上加工工件的程序进行比较，思

考加工工序制定时应考虑哪些问题。

学习检测

评分表

工件编号				总得分			
项目与配分		序号	技术要求	配分	评分标准	检测记录	得分
工件加工（80%）	工件外形轮廓	1	$60_{-0.03}^{0}$	2*4	超差全扣		
		2	$51.96_{-0.04}^{0}$	3*4	超差全扣		
		3	$5_{0}^{+0.05}$	4*5	超差全扣		
		4	对称度 0.06	2*5	每错一处扣 8 分		
		5	平行度 0.06	10	每错一处扣 2 分		
		6	Ra3.2	12	每错一处扣 1 分		
		7	R10	8	每错一处扣 2 分		
	其他	8	工件按时完成	5	未按时完成全扣		
		9	工件无缺陷	5	缺陷一处扣 2 分		
程序与工艺（10%）		10	程序正确合理	5	每错一处扣 2 分		
		11	加工工序卡	5	不合理每处扣 2 分		
机床操作（10%）		12	机床操作规范	5	出错一次扣 2 分		
		13	工件刀具装夹	5	出错一次扣 2 分		
安全文明生产（倒扣分）		14	安全操作	倒扣	安全事故停止操作或酌情扣分		
		15	机床整理	倒扣			

项目 6

型 腔 铣 削

教学目标

1. 能够编制槽、键槽的铣削加工程序
2. 懂得型腔粗加工及 Z 向分层的思路
3. 能够自行设计平面走刀路线去除残料
4. 预防过切及欠切现象

安全规范

1. 在轴锁状态下模拟刀路后，须重新回零一次
2. 开始执行程序加工时，必须使用单步，进给量的倍率由小逐渐增大
3. 冷却液须在主轴转动之前开启、主轴停转后关闭
4. 自动加工过程中关闭安全门
5. 下刀的进给量须小

技能要求

1. 熟练掌握对刀方法及其 G54 的设置
2. 能运用数控加工程序进行槽、键槽的铣削加工
3. 能通过修改刀具半径补偿值保证尺寸精度
4. 尺寸公差等级达 IT8 级，形位公差等级达 IT8 级，表面粗糙度 R_a 达 3.2

任务　型腔铣削的编程与加工

型腔铣削是加工中心中常见的加工内容，主要由直线、圆弧组成，是重要的成型要

素之一。加工图样如项目图 6.1 所示。

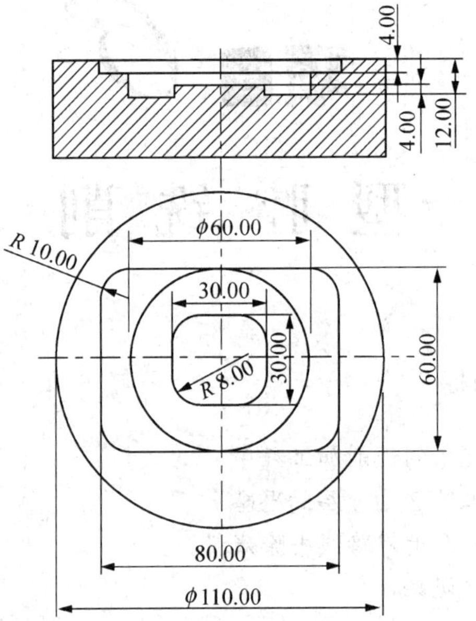

项目图 6.1　型腔铣削图样

1. 工艺分析

工件加工内容包括了圆形槽、矩形槽及带岛屿槽，属于综合性铣削加工，工艺制定时须综合考虑加工效率与程序量等方面。

根据图形结构及尺寸，制定加工数据表，见项目表 6.1。

项目表6.1　加工数据

顺序号	加工内容	刀号	刀具规格与类型	S	F	D	H	背吃刀量	加工深度
1	预铣下刀孔	T1	φ14 键槽铣刀	600	50		H01		
2	粗铣 80×60 槽	T2	φ16 立铣刀	600	120	D02=8.3	H02	2	4
3	粗铣 φ60 槽	T2	φ16 立铣刀	600	120	D02=8.3	H02	2	4
4	粗铣岛屿槽	T3	φ10 立铣刀	800	80	D03=5.2	H03	2	4
5	精铣 80×60 槽	T4	φ8 立铣刀	1000	100	D04=4.0	H04	4	4
6	精铣 φ60 槽	T4	φ8 立铣刀	1000	100	D04=4.0	H04	12	12
7	精铣 30×30 岛屿	T4	φ8 立铣刀	1000	100	D04=4.0	H04	12	12

2. 数学处理

如项目图 6.2 所示，介绍岛屿槽处刀具的计算及确定方法。首先计算岛屿槽最窄处与最宽处的宽度。

最窄处的宽度为

$$L_1=60/2-15/\sin45°+8\times(1/\sin45°-1)=12.102$$

最宽处的宽度为

$$L_2=(60-30)/2=15$$

考虑粗加工余量，岛屿槽处应该选用ϕ10 的平底立铣刀进行粗加工，并用ϕ14 的键槽铣刀预先铣一个下刀孔，便于直接下刀，提高效率。

3. 粗加工刀路设计

1）矩形槽粗加工刀路设计如项目图 6.3 所示。

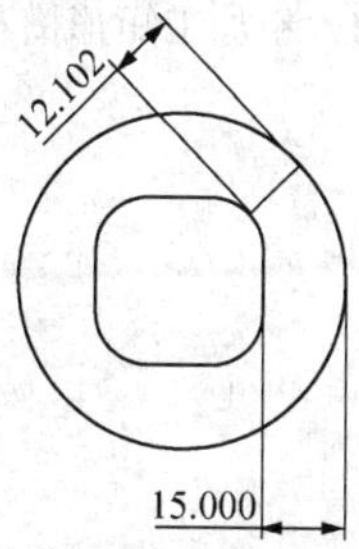

项目图 6.2 刀具选择计算

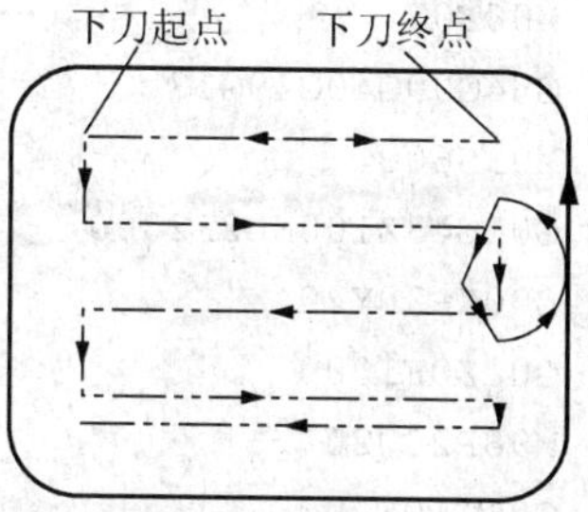

项目图 6.3 矩形槽粗加工刀路

2）圆形槽粗加工刀路设计如项目图 6.4 所示。

3）岛屿槽粗加工刀路设计如项目图 6.5 所示。

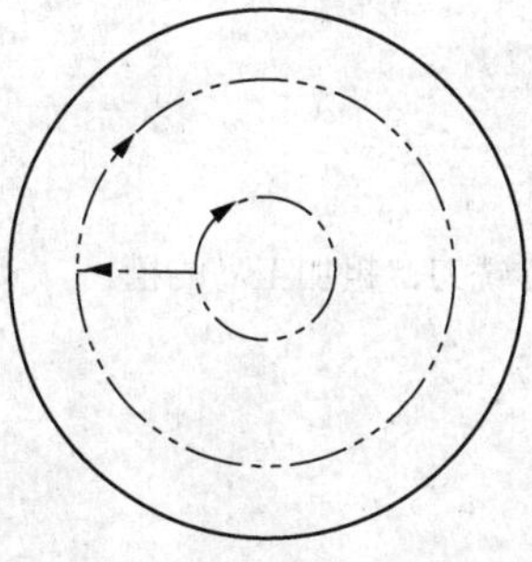

项目图 6.4 圆形槽粗加工刀路

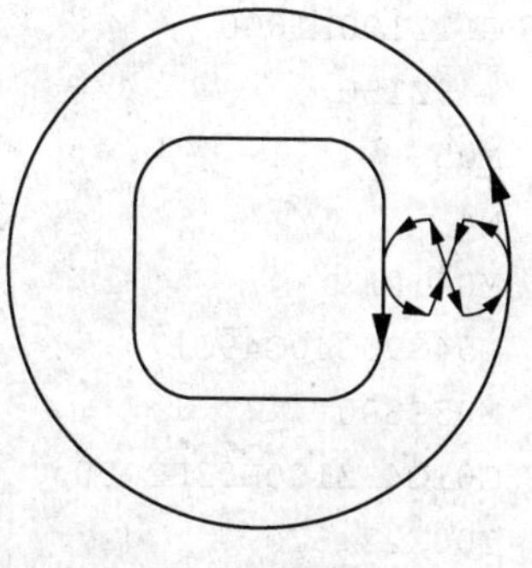

项目图 6.5 岛屿槽粗加工刀路

4. 加工程序

加下程序如下：

```
O1（FANUC）
M06T01                    换φ14 键槽铣刀，预先铣下刀孔
```

```
G54G90G40G49G17
N1
M03S600
G01G43Z100H01F2000
Z0.5
Z-12F50
Z0.5F300
G00Z100
G01G49Z150
M05
N2
M06T02                              换φ16 立铣刀，粗加工矩形槽和圆形槽
G54G90G40G49G17
M03S600
G01G43Z100H02F2000
G00X-30Y20
G01Z0F1000
M98P20020
G01Z10F2000
N3
G00X-21.7Y0
G01Z-4
M98P20030
G01Z100F1000
G49Z150
M05
N4
M06T03                              换φ10 立铣刀，粗加工岛屿槽
G54G90G40G49G17
M03S800
G01G43Z100H03F2000
G00X22.5Y0
G01Z1
Z-8F100
M98P20040
G90G01Z100F2000
M05
N5
M06T04                              换φ8 立铣刀，精加工各轮廓
G54G90G40G49G17
```

```
M03S1000
G01G43Z100H04F2000
G00 X25Y0
G01Z-4F1000
D04M98P2000F100
N6
G01X22.5Y0
Z-12
G91D04M98P3000F100
N7
G91D04M98P4000F100
G90G01Z100F1000
G49Z150
M05
M30

O20;                                粗加工矩形槽下刀及光刀子程序
G91G01X60Z-2F40
X-60
M98P200F120
G90G01X25Y0
D02M98P2000
G01X-30Y20
M99

O200;                               往复走刀子程序
G91G01Y-12
X60
Y-12
X-60
Y-12
X60
Y-4
X-60
M99
O2000;                              矩形槽轮廓子程序
G01G41X30Y-10
G03X40Y0R10
G01Y20
G03X30Y30R10
```

```
G01X-30
G03X-40Y20R10
G01Y-20
G03X-30Y-30R10
G01X30
G03X40Y-20R10
G01Y0
G03X30Y10R10
G01G40X25Y0
M99

O30;                        粗加工圆形槽下刀子程序
G91G01X43.4Z-2F40
X-43.4
G90
M98P300F120
M99

O300;                       粗加工圆形槽平面走刀子程序
G01X-8
G03I8
G01X-21.7
G03I21.7
M99

O40;                        粗加工岛屿槽中圆形轮廓的下刀子程序
G91G01Z-2F80
D03M98P3000
M98P4000
G90
M99

O3000                       φ60轮廓子程序
G01G41X2Y-5.5
G03X5.5Y5.5R5.5
I-30
G03X-5.5Y5.5R5.5
G01G40X-2Y-5.5
M99
```

```
O4000                              30*30 岛屿轮廓子程序
G01G41X-2Y5.5
G03X-5.5Y-5.5R5.5
G01Y-7
G02X-8Y-8R8
G01X-14
G02X8Y8R8
G01Y14
G02X8Y8R8
G01X14
G02X8Y-8R8
G01Y-7
G03X5.5Y-5.5R5.5
G01G40X2Y5.5
M99
```

实践操作

1. 加工材料及工具

1）设备：加工中心 XH713A。

2）材料：45 钢（ϕ110×35）。

3）工具：活动扳手，平行垫铁，百分表，其它常用加工中心辅具。

4）量具：外径千分尺（25～50，0.01）、千分尺内径 50～75、75～100，0.01），深度千分尺（0～25，0.01），R 规（7～14.5）。

5）刀具：ϕ14 键槽铣刀，ϕ16、ϕ10、ϕ8 立铣刀。

6）夹具：三爪自定心卡盘、螺杆压板。

2. 型腔铣削的步骤

型腔铣削的步骤如项目图 6.6 所示。

（1）工件装夹与校正

以工件的底平面定位，先用百分表找正上表面和外圆面，参考项目图 6.1。校正完成后，夹紧工件。

（2）对刀

利用“取中法”对刀 *X*、*Y* 向，使用塞尺或直接对刀 *Z* 向，将工件坐标系原点的机械坐标值输入 G54 参数表中。

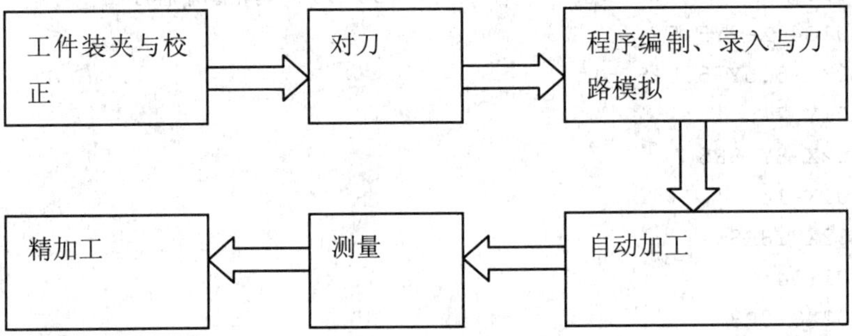

项目图 6.6　型腔铣削步骤

（3）程序编制、录入与刀路模拟

录入编制好的加工程序，并进行刀路模拟。将刀具半径补偿值输入到指定的位置，如 D02=8.3，D03=5.1，D04=4.1（半精加工）。刀具长度补偿值输入到指定的位置 H01、H02、H03、H04。

（4）自动加工

开始执行程序时，选择单步方式。观察下刀点的定位是否正确，无误后逐渐增大进给量的倍率至合适值。

（5）测量

测量工件外形尺寸。根据精度要求，计算精加工的刀具半径补偿值。

（6）精加工

输入精加工的刀具半径补偿值，加工至要求为止。

注意事项

设计刀路及编程加工中注意：

1）校正工件时需耐心细致，夹紧工件后一般再校正一次。

2）主要使用的是平底刀具，选择下刀点时应确保刀具能在工件材料外侧直接下刀。且不能过切轮廓。

3）粗/精铣应分开，精加工的余量合理，测量时必须准确，以便尺寸控制准确。

4）采用轴锁的方法模拟刀路后，必须重新回零一次，防止误动作甚至撞刀。模拟时先指定刀具半径补偿值为 0，观察刀具路径是否正确，然后给定刀具半径补偿值，注意观察有无报警。

5）刀具半径补偿的建立与取消，一般在子程序中完成。

知识探究

铣削型腔时，常常需要自行设计平面去残料刀路。一般可以先将轮廓铣出后，再分析留有残料的范围，从而确定去残料的走刀路径。

编制加工程序时，应先去残料，后进行轮廓粗加工。

铣削型腔的三种下刀方式中，优先选用直接下刀。为提高加工效率，常常利用键槽铣刀预铣下刀孔，然后换用平底立铣刀进行平面加工。

R10 与 R8 属于倒圆角轮廓形式，最好采用倒圆角指令“，R__”，可以使加工程序简化。

思考与练习

1．如何选择型腔加工的刀具？

2．如何设计平面去残料的走刀路径？

3．试编制 SIEMENS 系统的综合加工程序，并在数控加工仿真软件完成加工。

学习检测

评分表

工件编号				总得分			
项目与配分		序号	技术要求	配分	评分标准	检测记录	得分
工件加工（80%）	工件轮廓	1	30×30×4	3*5	超差全扣		
		2	ϕ60×8	2*5	超差全扣		
		3	80×60×4	3*5	超差全扣		
		4	对称度 0.06	2*5	每错一处扣 5 分		
		5	Ra3.2	10	每错一处扣 2 分		
		6	R8	12	每错一处扣 1 分		
		7	R10	8	每错一处扣 2 分		
	其他	8	工件按时完成	5	未按时完成全扣		
		9	工件无缺陷	5	缺陷一处扣 2 分		

续表

工件编号			总得分			
项目与配分	序号	技术要求	配分	评分标准	检测记录	得分
程序与工艺（10%）	10	程序正确合理	5	每错一处扣 2 分		
	11	加工工序卡	5	不合理每处扣 2 分		
机床操作（10%）	12	机床操作规范	5	出错一次扣 2 分		
	13	工件刀具装夹	5	出错一次扣 2 分		
安全文明生产（倒扣分）	14	安全操作	倒扣	安全事故停止操作或酌情扣分		
	15	机床整理	倒扣			

项目 7

孔 系 加 工

教学目标

1. 能够编制钻孔、扩孔、镗孔、铰孔、攻丝等孔的加工程序
2. 懂得孔走刀路线的设计，减少累积误差

安全规范

1. 在轴锁状态下模拟刀路后，须重新回零一次
2. 开始执行程序加工时，必须使用单步，进给量的倍率由小逐渐增大
3. 冷却液须在主轴转动之前开启
4. 自动加工过程中关闭安全门

技能要求

1. 熟练掌握测时功能的对刀方法及其 G54 的设置
2. 能运用数控加工程序进行孔的加工（钻孔、扩孔、镗孔、铰孔、攻丝等）
3. 能正确测量孔径和使用各种孔加工刀具
4. 尺寸公差等级达 IT8 级，形位公差等级达 IT8 级，表面粗糙度 R_a 达 3.2

任务　孔系加工的编程及操作

■任务分析

1. 工艺分析

图样 7.1 中四孔为导柱孔，其孔距及孔边距要求较高。孔的轴线对工件底面的垂直

度公差为ϕ0.04，孔表面粗糙度要求为Ra3.2。其加工工艺过程为：钻中心孔→钻孔→镗孔→铰孔。

孔系加工是加工中心中常见的加工内容，是重要的成型要素之一。加工图样如项目图7.1所示。

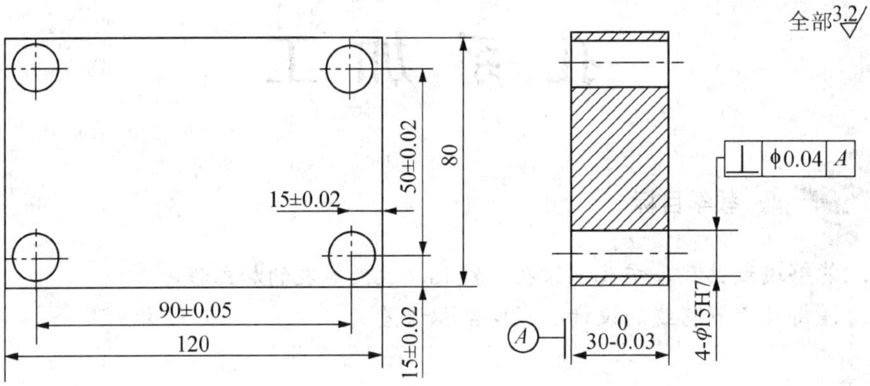

项目图7.1　孔系加工图样

加工数据如项目表7.1所示。

项目表7.1　加工数据

顺序号	加工内容	刀号	刀具规格与类型	S	F	H	加工深度
1	钻中心孔	T1	ϕ5 中心钻	1200	50	H01	6
2	钻孔	T2	ϕ14.5 麻花钻	400	80	H02	35
3	镗孔	T3	ϕ14.8 镗刀	400	40	H02	31
4	铰孔	T4	ϕ15H7 铰刀	120	40	H03	33

2. 刀路设计及数学处理

项目图7.1中标注的尺寸是以右后角点为基准，且采用了增量标注方法，因此工件坐标系G54的原点应设置在工件的右后上角点。

为了消除累积误差，孔加工走刀路线设计如项目图7.2所示。

两定位点的坐标为（10，15）、（10，65）。

四孔的相对坐标为（−25，0）、（−90，0）、（−25，0）、（−90，0）。

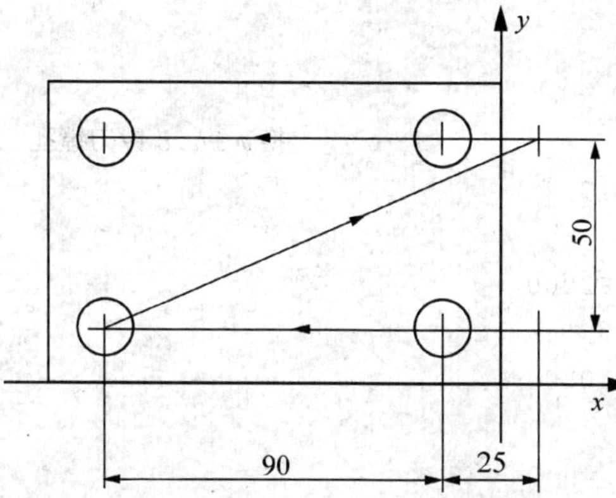

项目图 7.2　孔加工走刀路线

3. 加工程序

FANUC 系统的加工程序如下

```
O1
M06T01                    换φ5 中心钻，钻中心孔
G54G90G40G49G17
N1
M03S1200
G01G43Z100H01F2000
Z20
G99G81Z-6R3F50L0
M98P10
G80
G01Z100F2000
G49Z150
M05
N2
M06T02                    换φ14.5 麻花钻钻孔
G54G90G40G49G17
M03S400
G01G43Z100H02F2000
Z20
G99G73Z-35R3Q6F80L0
M98P10
G80
G01Z100F2000
```

```
G49Z150
M05
N4
M06T03                          换φ14.8镗刀镗孔
G54G90G40G49G17
M03S400
G01G43Z100H03F2000
Z20
G99G85Z-31R3F40L0
M98P10
G80
G01Z100F2000
G49Z150
M05
N4
M06T04                          换φ15H7铰刀铰孔
G54G90G40G49G17
M03S120
G01G43Z100H04F2000
Z20
G99G81Z-33R3F40L0
M98P10
G80
G01Z100F2000
G49Z150
M05
M30

O10                             孔定位子程序
G90X10Y15L0
G91X-25                         右下角孔
X-90                            左下角孔
G90X10Y65L0
G91X-25                         右上角孔
X-90                            左上角孔
G90
M99

SIEMENS                         系统的加工程序如下
LJX
```

```
G54G17G90G40
N1
T1D1
G01Z20F2000
M03S1200F50
G00X10Y15
MCALL CYCLE81(10,0,3,,6)
G91X-25
X-90
MCALL
X10Y65
MCALL CYCLE81(10,0,3,,6)
G91X-25
X-90
MCALL
G00Z100
M05
N2
T2D1
G01Z20F2000
M03S400F80
G00X10Y15
MCALL CYCLE83(10,0,3,,35,,5,6,,,80,0)
G91X-25
X-90
MCALL
X10Y65
MCALL CYCLE83(10,0,3,,35,,5,6,,,80,0)
G91X-25
X-90
MCALL
G00Z100
M05
N3
T3D1
G01Z20F2000
M03S400F40
G00X10Y15
MCALL CYCLE85(10,0,3,,31,40,40)
G91X-25
```

```
X-90
MCALL
X10Y65
MCALL CYCLE85(10,0,3,,31,40,40)
G91X-25
X-90
MCALL
G00Z100
M05
N4
T4D1
G01Z20F2000
M03S120F40
G00X10Y15
MCALL CYCLE85(10,0,3,,33,40,40)
G91X-25
X-90
MCALL
X10Y65
MCALL CYCLE85(10,0,3,,33,40,40)
G91X-25
X-90
MCALL
G00Z100
M05
M02
```

实践操作

1. 孔系加工的材料及工具

1）设备：加工中心 XH713A。

2）材料：45 钢（120×80×30）。

3）工具：活动扳手，平行垫铁，百分表，其它常用加工中心辅具。

4）量具：游标卡尺、卡通规（ϕ15H7）。

5）刀具：ϕ5 中心钻、ϕ14.5 麻花钻、ϕ14.8 镗刀、ϕ15H7 铰刀。

6）夹具：精密平口虎钳。

2. 孔系加工的步骤

孔系加工步骤如项目图 7.3 所示。

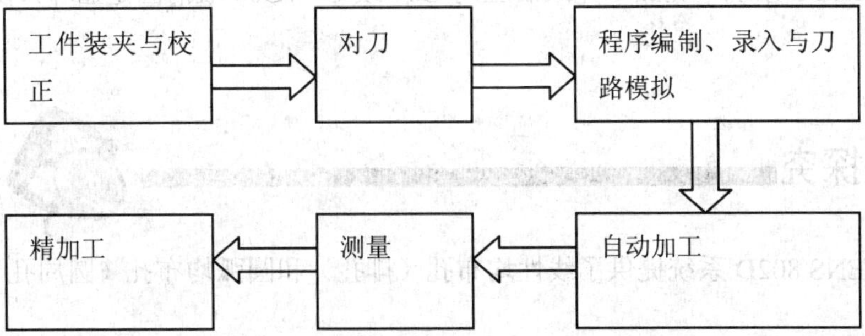

项目图 7.3　孔系加工步骤

（1）工件装夹与校正。

以工件的底平面定位，先用百分表找正上表面和侧面，校正完成后，夹紧工件。

（2）对刀

利用“测量法”对刀 X、Y 向，使用塞尺或直接对刀 Z 向，将工件坐标系原点的机械坐标值输入 G54 参数表中。

对刀 X 向时，对刀棒靠工件右侧。对刀 Y 向时，对刀棒靠工件后侧。测量值包括对刀棒的半径、塞尺厚度。

（3）程序编制、录入与刀路模拟

录入编制好的加工程序，并进行刀路模拟。将刀具长度补偿值输入到指定的位置。

（4）自动加工

（略）

（5）测量

镗孔时须试镗一次，以后每加工一次测量孔径一次，直至镗到 ϕ14.8。

（6）精加工

精加工时，铰削到要求的尺寸。

注意事项

设计孔加工刀路及编程、加工中注意：

1）校正工件时需耐心细致，夹紧工件后一般再校正一次。

2）孔定位程序中为了减少累积误差，走刀应注意沿同一方向。

3）镗孔加工试切削不能过切，也不可没切削到位。测量时须仔细。

4）FANUC 系统中孔加工完成后应用 G80 或 G01/G00 取消固定循环，防止钻孔。

知识探究

SIEMENS 802D 系统提供了线性均布孔（排孔）和圆弧均布孔（圆周孔）两种钻孔样式循环。

排孔——HOLES1，如项目图 7.4 所示。

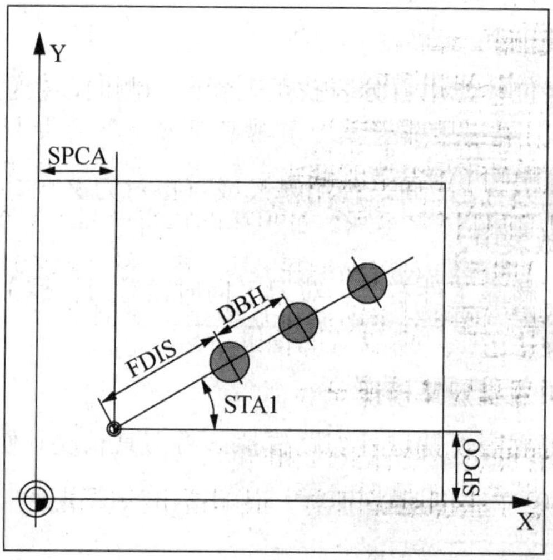

项目图 7.4　排孔

程序格式如下：

```
HOLES1 (SPCA,SPCO,STA1,FDIS,DBH,NUM)
```

圆周孔——HOLES2，圆周孔如项目图 7.5 所示。

程序格式如下：

```
HOLES2 (PCA,PCO,RAD,STA1,INDA,NUM)
```

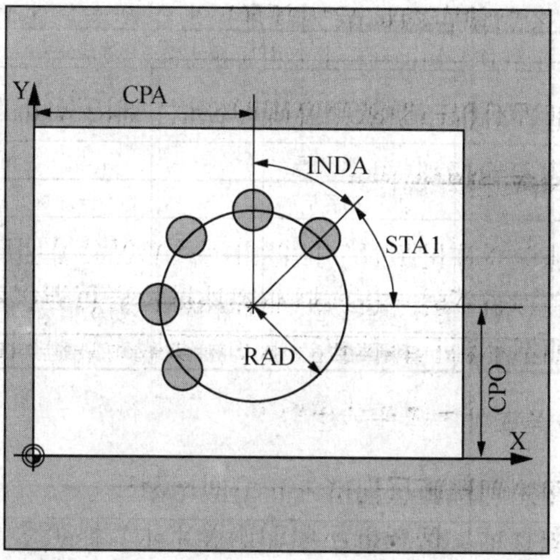

项目图 7.5 圆周孔

思考与练习

1. 镗削加工的操作技巧是什么？
2. 如何设计孔加工的走刀路径？

学习检测

评分表

工件编号		总得分					
项目与配分		序号	技术要求	配分	评分标准	检测记录	得分
工件加工（80%）	工件	1	90±0.05	2*5	超差全扣		
		2	50±0.02	2*5	超差全扣		
		3	15±0.02	4*5	超差全扣		
		4	垂直度 Φ0.04	4*4	每错一处扣 4 分		
		5	Φ15H7	4*4	每错一处扣 4 分		
		6	Ra3.2	4*2	每错一处扣 2 分		
	其他	8	工件按时完成	5	未按时完成全扣		
		9	工件无缺陷	5	缺陷一处扣 2 分		

续表

工件编号			总得分			
项目与配分	序号	技术要求	配分	评分标准	检测记录	得分
程序与工艺（10%）	10	程序正确合理	5	每错一处扣 2 分		
	11	加工工序卡	5	不合理每处扣 2 分		
机床操作（10%）	12	机床操作规范	5	出错一次扣 2 分		
	13	工件刀具装夹	5	出错一次扣 2 分		
安全文明生产（倒扣分）	14	安全操作	倒扣	安全事故停止操作或酌情扣分		
	15	机床整理	倒扣			

项目 8

CAM 加工

教学目标

能够利用 Mastercam 编制平面、曲面的加工程序，并能根据数控系统要求进行编辑

安全规范

1. 在轴锁状态下模拟刀路后，须重新回零一次
2. 开始执行程序加工时，必须使用单步，进给量的倍率由小逐渐增大
3. 冷却液须在主轴转动之前开启
4. 自动加工过程中关闭安全门

技能要求

1. 熟练掌握测时功能的对刀方法及其 G54 的设置
2. 能运用数控加工程序进行简单曲面和平面的铣削加工
3. 能正确传送加工程序至机床
4. 尺寸公差等级达 IT8 级，形位公差等级达 IT8 级，表面粗糙度 R_a 达 3.2

任务　CAM加工

任务分析

加工图样如项目图 8.1 所示。

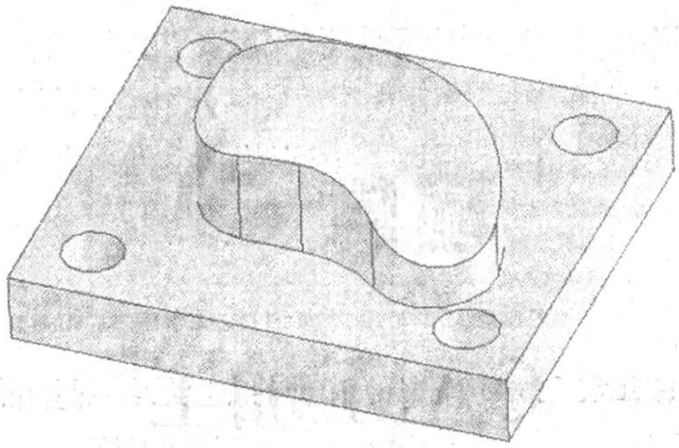

项目图 8.1　CAM 加工图样

1. 工艺分析

鼠标凸模的侧面为直纹平面，可用平底立铣刀进行精加工。上表面为曲面，用球刀进行精加工。加工工艺过程如下：

1）曲面粗加工：采用平行铣削方式，预留量为 0.5mm。

2）曲面半精加工：采用平行铣削方式，预留量为 0.2mm。

3）曲面精加工：采用平行铣削方式。

4）外形精加工：采用外形铣削方式。

5）实体切削验证。

6）后处理产生加工程序并编辑保存。

加工数据见项目表 8.1。

项目表8.1　加工数据

顺序号	加工内容	刀号	刀具规格与类型	S	F	H	余量
1	曲面粗加工	T1	ϕ20 圆鼻刀	2000	1000	H01	0.5
2	曲面半精加工	T2	ϕ20 圆鼻刀	2000	1000	H02	0.2
3	曲面精加工	T3	ϕ12 球刀	2400	600	H02	0
4	外形精加工	T4	ϕ10 立铣刀	1000	100	H03	0

2. 程序的传送

（1）数据线的连接

FANUC 系统一般采用 9 针与 25 针相连的数据线，其接线图如项目图 8.2（a）所示。SIEMENS 系统一般采用 9 针与 9 针相连的数据线，其接线图如项目图 8.2（b）所示。

（2）传送参数的设置

程序的传送软件多种多样，但传送参数相差不大。以 Mastercam 自带的传送功能为例，如项目图 8.3 所示。

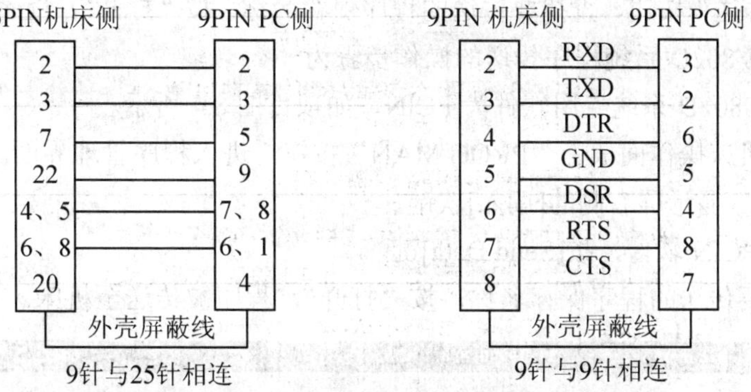

（a）FANUC 系统　　（b）SIEMENS 系统

项目图 8.2　数据线的接线图

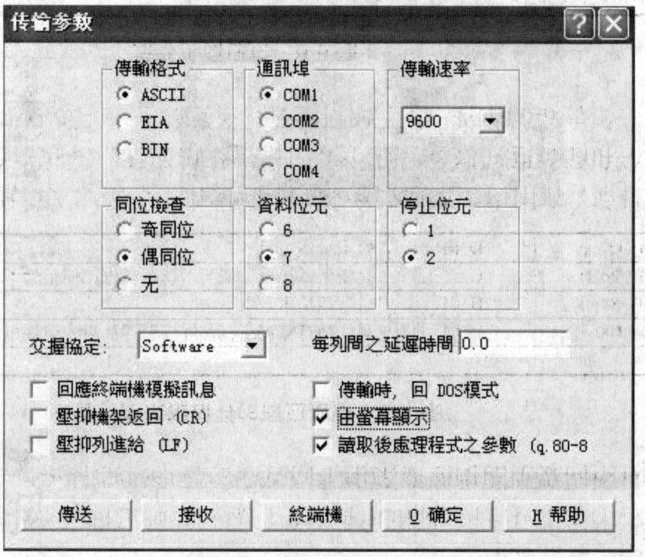

项目图 8.3　传送参数设置

各参数的设置应与机床系统参数相同。

（3）程序传送的操作步骤

FANUC 0i-MC 系统　程序传送的操作步骤为

1）选择编辑方式，并按下机床操作面板上“PROG”按钮。

2）依次按下 CRT 显示屏下方的[操作]、[右扩展]软键。

3）录入程序号 O****。

4）依次按下 CRT 显示屏下方的[READ]、[EXEC]软键。

5）进入 Mastercam 软件传输菜单：档案→下一页→传输。

6）设置传送参数，如项目图 8.3 所示。

7）按“传送”按钮，查找要传送的程序保存名称，按“打开”，程序被传送至机床。

SIEMENS 802D 系统程序传送的操作步骤为

SIEMENS802D 系统专用软件为 PCIN，如项目图 8.4 所示。

1）按下机床操作面板上“PROG MAN”按钮，进入程序管理界面。

2）按 CRT 显示屏右侧的[读入]软键。

3）打开 PCIN 软件，按[Send Data]键。

4）查找要传送的程序保存名称，按“打开”，程序被传送至机床。

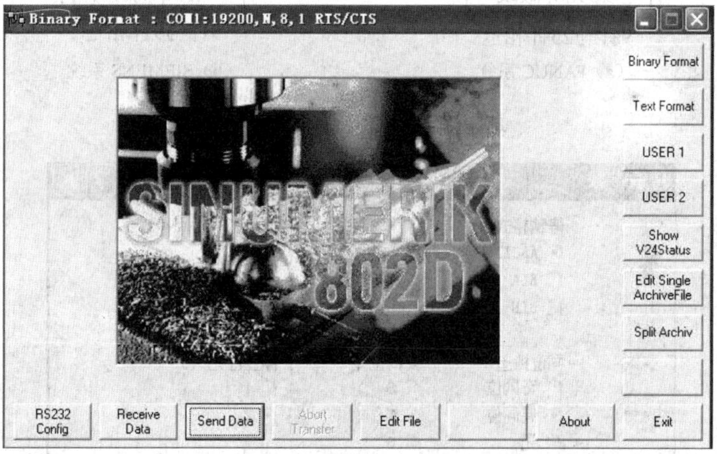

项目图 8.4　PCIN 传送界面

实践操作

1. CAM 加工材料及工具

1）设备：加工中心 XH713A。

2）材料：45 钢（150×100×30）。

3）工具：活动扳手，平行垫铁，百分表，其他常用加工中心辅具。

4）刀具：ϕ20 圆鼻刀、ϕ12 圆鼻刀、ϕ12 球刀、ϕ10 立铣刀。

5）夹具：精密平口虎钳。

2. CAM 加工的步骤

CAM 加工步骤如项目图 8.5 所示。

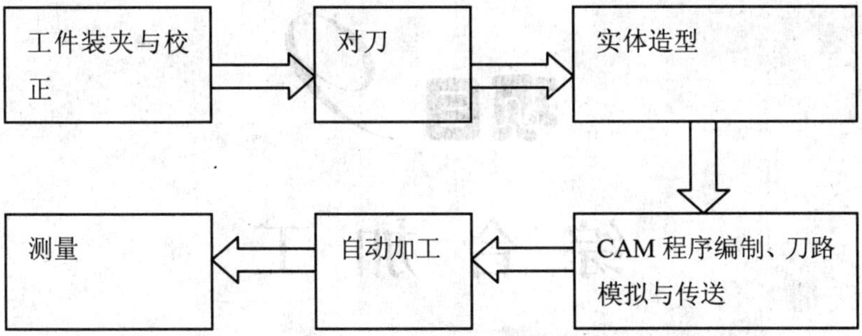

项目图 8.5 CAM 加工步骤图

（1）工件装夹与校正

以工件的底平面定位，先用百分表找正上表面和侧面，校正完成后，夹紧工件。

（2）对刀

利用“测量法”对刀 *X*、*Y* 向，使用塞尺或直接对刀 *Z* 向，将工件坐标系原点的机械坐标值输入 G54 参数表中。

（3）程序传送

通过传送软件将加工程序传送至机床。并将刀具长度补偿值输入到指定的位置。

（4）自动加工

（略）

（5）测量

（略）

项目 9

综 合 加 工

教学目标

1. 能够编制平面、外形、型腔、孔的综合加工程序
2. 懂得利用刀具半径补偿功能进行薄壁类零件编程技巧
3. 能合理制定加工工艺

安全规范

1. 在轴锁状态下模拟刀路后，须重新回零一次
2. 开始执行程序加工时，必须使用单步，进给量的倍率由小逐渐增大
3. 冷却液须在主轴转动之前开启
4. 自动加工过程中关闭安全门

技能要求

1. 熟练掌握对刀方法及其 G54 的设置
2. 能运用数控加工程序进行平面、轮廓、型腔、孔的加工
3. 能通过修改刀具半径补偿值保证尺寸精度
4. 尺寸公差等级达 IT8 级，形位公差等级达 IT8 级，表面粗糙度达 Ra3.2

任务 综合加工实例分析与加工

任务分析

图工图样如项目图 9.1 所示。

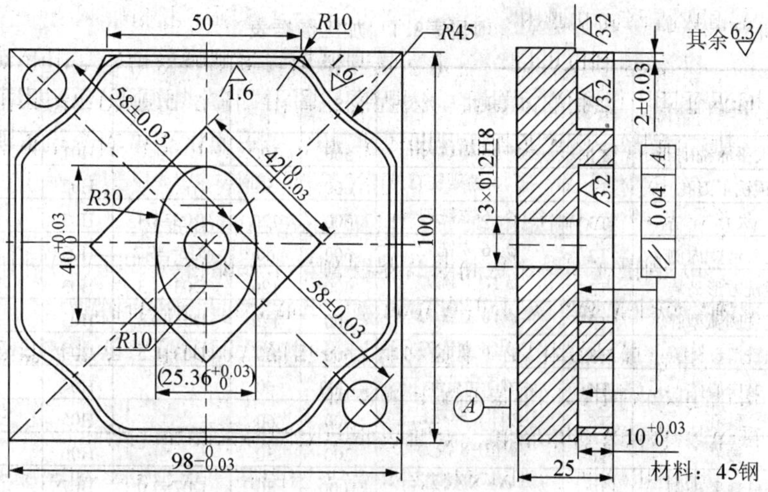

项目图 9.1　综合加工图样

1. 工艺分析

工件由薄壁（厚 2±0.03）、正方形岛屿（42×42×10）、圆弧型腔、三个孔（ϕ12H8）等组成加工内容。型腔底面的平行度要求为 0.04。

加工工艺过程如下：

1）大平面铣削：刀具为ϕ60 盘铣刀，保证工件总厚度 25。

2）预铣下刀孔：刀具为ϕ14 键槽铣刀。

3）去内外残料：刀具为ϕ16 立铣刀。

4）粗铣薄壁内侧：刀具为ϕ16 立铣刀。

5）粗铣正方形岛屿：刀具为ϕ16 立铣刀。

6）粗铣圆弧型腔：刀具为ϕ16 立铣刀。

7）粗铣薄壁外侧：刀具为ϕ16 立铣刀。

8）钻中心孔：刀具为ϕ5 中心钻。

9）钻孔：刀具为ϕ11.8 麻花钻。

10）铰孔：刀具为ϕ12H8 铰刀。

11）精铣薄壁外侧：刀具为ϕ8 立铣刀。

12）精铣薄壁内侧：刀具为ϕ8 立铣刀。

13）精铣正方形岛屿：刀具为ϕ8 立铣刀。

14）精铣圆弧型腔：刀具为ϕ8 立铣刀。

粗加工均进行 Z 向分层，而精加工时直接下刀至底面。

加工数据见项目表 9.1。

项目表9.1 加工数据表

序号	加工内容	刀号	刀具规格与类型	S	F	D	H	背吃刀量	加工深度
1	大平面铣削	T1	ϕ63 盘铣刀	500	100		H01		
2	预铣下刀孔	T2	ϕ14 键槽铣刀	600	50		H02		10
3	去残料	T3	ϕ16 立铣刀	600	120	D03=8.3	H03	2	10
4	粗铣薄壁内侧	T3	ϕ16 立铣刀	600	60	D13=−9.3	H03	2	10
5	粗铣方形岛屿	T3	ϕ16 立铣刀	600	120	D03=8.3	H03	2	10
6	粗铣圆弧型腔	T3	ϕ16 立铣刀	600	120	D03=8.3	H03	2	10
7	粗铣薄壁外侧	T3	ϕ16 立铣刀	600	60	D03=8.3	H03	2	10
8	钻中心孔	T4	ϕ5 中心钻	1200	60		H04		6
9	钻孔	T5	ϕ11.8 麻花钻	400	60		H05		30
10	铰孔	T6	ϕ12H8 铰刀	200	30		H06		28
11	精铣薄壁外侧	T7	ϕ8 立铣刀	1000	30	D07=4.0	H07		10
12	精铣薄壁内侧	T7	ϕ8 立铣刀	1000	30	D17=−5.0	H07		10
13	精铣方形岛屿	T7	ϕ8 立铣刀	1000	60	D07=4.0	H07		10
14	精铣圆弧型腔	T7	ϕ8 立铣刀	1000	60	D07=4.0	H07		10

2. 数学处理

如项目图 9.2 所示，图中相关点的坐标利用 CAD 软件查找可得。

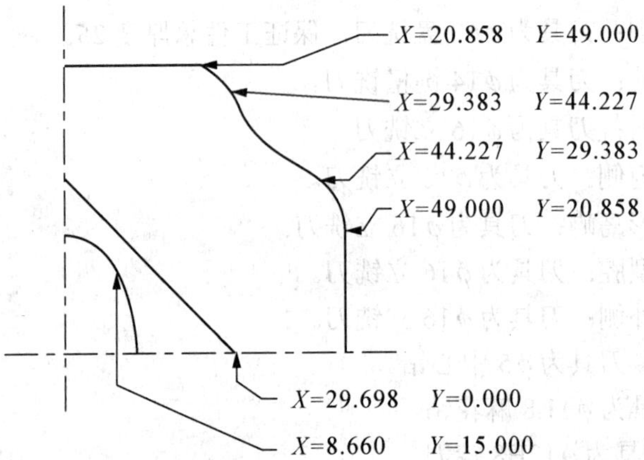

项目图 9.2 坐标计算

其他点利用对称性得到。

3. 刀路设计

1）大平面铣削如项目图 9.3 所示。

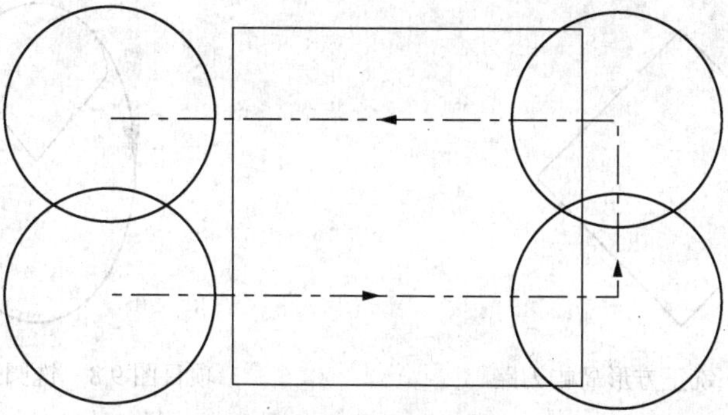

项目图 9.3　大平面铣削刀路

2）去残料如项目图 9.4 所示。

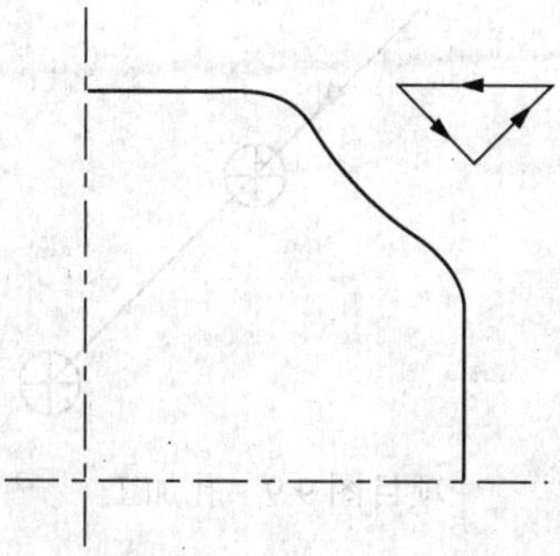

项目图 9.4　去残料刀路

3）铣薄壁外侧如项目图 9.5 所示。

4）铣薄壁内侧如项目图 9.6 所示。

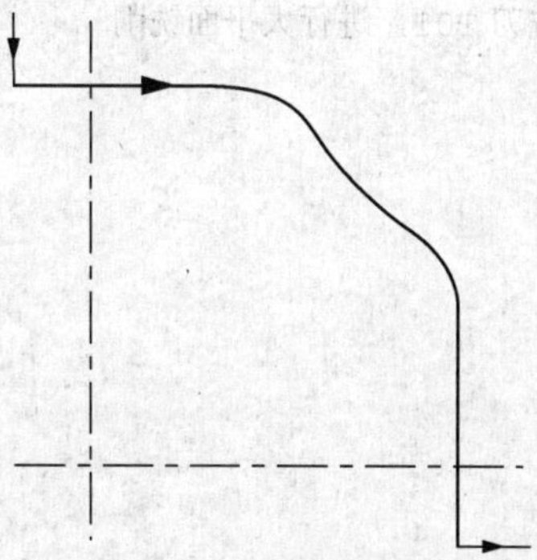

项目图 9.5　铣薄壁外侧刀路

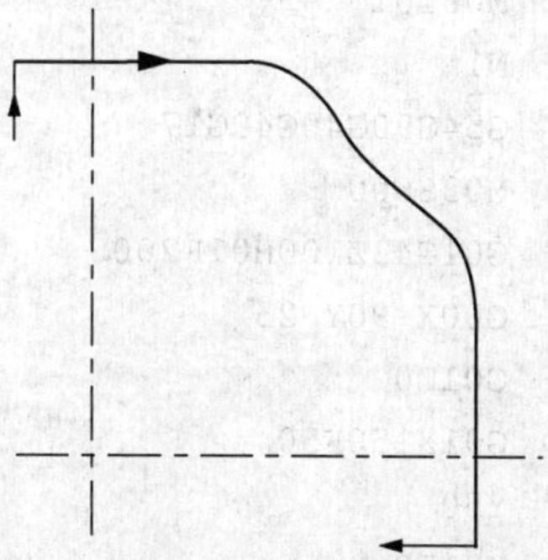

项目图 9.6　铣薄壁内侧刀路

5）铣正方形岛屿如项目图 9.7 所示。

6）铣圆弧型腔如项目图 9.8 所示。

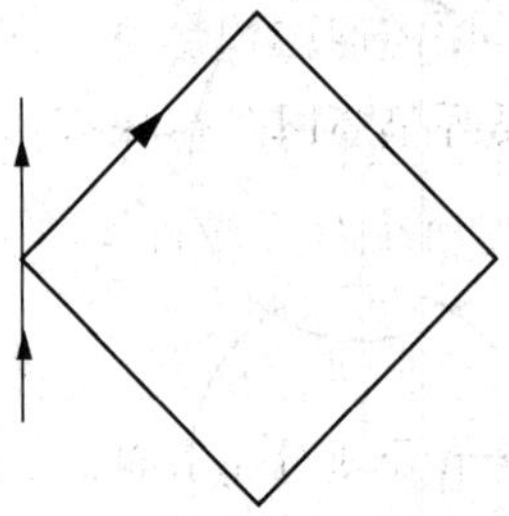

项目图 9.7　铣正方形岛屿刀路

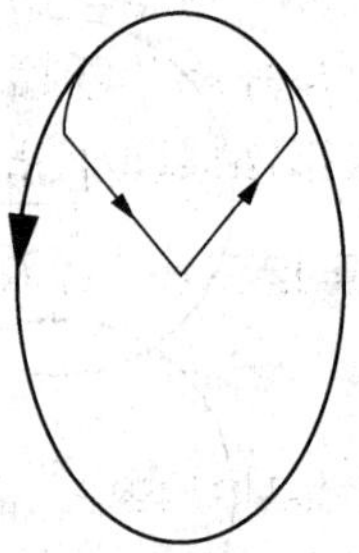

项目图 9.8　铣圆弧型腔刀路

7）孔加工如项目图 9.9 所示。

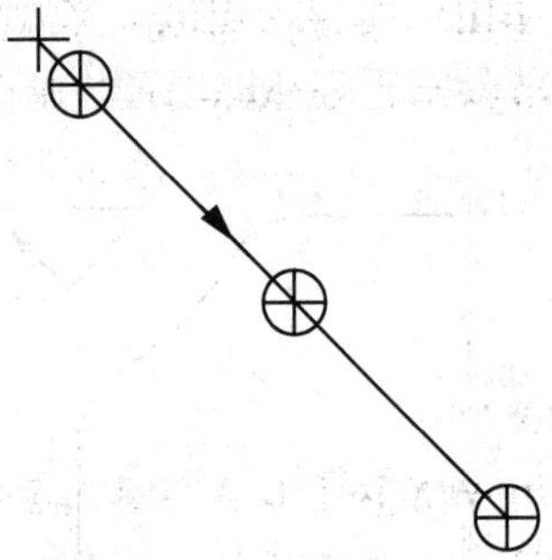

项目图 9.9　孔加工

4. 加工程序

加工程序如下：

O1（FANUC）	主程序
M06T01	换 ϕ 63 盘铣刀 T01，进行大平面铣削
N1	
G54G90G40G49G17	
M03S600	
G01G43Z100H01F2000	
G00X-90Y-25	
G01Z0	
G91X150F50	
Y50	
X-150	
G90G00Z100	
G49Z150	
M05	

```
M06T02                      换φ14键槽铣刀T02，预铣下刀孔
N2
M03S600
G01G43Z100H02F2000
G00X0Y0                     圆弧型腔中心下刀孔位
G01Z1F2000
Z-10F50
Z1
X-10Y39                     方形岛屿下刀孔位
Z-10
Z1
X-29.698Y-20                薄壁内侧下刀孔位
Z-10
Z1
G00Z100
G49Z150
M05

M06T03                      换φ16立铣刀T03，进行粗加工
G54G90G40G49G17
M03S600
G01G43Z100H03F2000
Z1
N3                          去工件四角残料
M98P30F120
G68X0Y0R90
M98P30
G68X0Y0R180
M98P30
G68X0Y0R270
M98P30
G69
N4                          粗铣薄壁内侧
M98P40F120
G68X0Y0R90
M98P40
G68X0Y0R180
M98P40
G68X0Y0R270
M98P40
```

```
G69
N5                                  粗铣方形岛屿
G00X-29.698Y-20
G01Z0
M98P50050
N6                                  粗铣圆弧型腔
G00Z1
X0Y0
G01Z0
M98P50060
G00Z1
N7                                  粗铣薄壁外侧
M98P70F120
G68X0Y0R90
M98P70
G68X0Y0R180
M98P70
G68X0Y0R270
M98P70
G69
M05

M06T04                              换φ5中心钻T04
N8
G54G90G40G49G17
M03S600
G01G43Z100H04F2000
G00X-50Y50
Z20
G98G81R-8Z-16F60L0
M98P8000
G80
G90G00Z100
G49Z150
M05

M06T05                              换φ11.8麻花钻T05
N9
G54G90G40G49G17
M03S400
```

```
G01G43Z100H05F2000
G00X-50Y50
Z20
G98G81R-8Z-30F60L0
M98P8000
G80
G90G00Z100
G49Z150
M05

M06T06                      换φ12H8 铰刀 T05
N10
G54G90G40G49G17
M03S200
G01G43Z100H05F2000
G00X-50Y50
Z20
G98G85R-8Z-28F30L0
M98P8000
G80
G90G00Z100
G49Z150
M05

M06T07                      换φ8 立铣刀 T07，进行精加工
G54G90G40G49G17
M03S1000
G01G43Z100H07F2000
N11                         精铣薄壁外侧
M98P110F120
G68X0Y0R90
M98P110
G68X0Y0R180
M98P110
G68X0Y0R270
M98P110
G69
N12                         精铣薄壁内侧
M98P120F120
G68X0Y0R90
```

```
M98P120
G68X0Y0R180
M98P120
G68X0Y0R270
M98P120
G69
N13                          精铣方形岛屿
G00X-29.698Y-20
G01Z-10
M98P5000D07F60
N14                          精铣圆弧型腔
G00Z1
X0Y0
G01Z-10
M98P6000D07F60
G00Z100
G49Z150
M05
M30

O30;                         去工件四角残料子程序
G00X60Y50
G01Z0
M98P50300
G90Z1
M99
O300;                        去工件四角残料下刀子程序
G91G01Z-2F120
G90
M98P3000
M99
O3000;                       去工件四角残料平面走刀子程序
G01X40
X50Y40
X60Y50
M99

O40;                         粗铣薄壁内侧子程序
G00X-10Y39
G01Z0
```

```
M98P50400
G90Z1
M99
0400;                              粗铣薄壁内侧下刀子程序
G91Z12
G90G00X-10Y39
G91 Z-12
G91G01Z-2F120
G90
M98P4000D13                        D13=-9.3
M99
O4000;                             薄壁内侧轮廓子程序
G01G41Y49
X20.858
G02X29.383Y44.227R10
G03X44.227Y29.383R45
G02X49Y29.383R10
G01Y-10
G40X39
M99

O50                                粗铣方形岛屿下刀子程序
G91G01Z-2
G90
M98P5000D03                        D03=8.3
G91Z11
G00Y-40
G01Z-11
G90
M99
05000                              铣方形岛屿轮廓子程序
G01G41Y-10
Y0
X0Y29.698
X29.698Y0
X0Y-29.698
X-29.698Y0
Y10
G40Y20
M99
```

```
O60                                    粗铣圆弧型腔下刀子程序
G91G01Z-2
G90
M98P6000D03
M99
O6000                                  铣圆弧型腔轮廓子程序
G01G41X10Y10
G03X0Y20R10
X-8.88Y15R10
Y-15R30
X8.66R10
Y15R30
X0Y20R10
X-10Y10R10
G01G40X0Y0
M99

O70;                                   粗铣薄壁外侧子程序
G00X-10Y59
G01Z0
M98P50700
G90Z1
M99
O700;                                  粗铣薄壁外侧下刀子程序
G91Z12
G90G00X-10759
G91Z-12
G91G01Z-2F120
G90
M98P7000D03                            D03=8.3
M99
O7000;                                 薄壁外侧轮廓子程序
G01G41Y49
X20.858
G02X29.383Y44.227R10
G03X44.227Y29.383R45
G02X49Y29.383R10
G01Y-10
G40X59
M99
```

```
O8000;                                  孔定位子程序
X-41.006Y41.006
X0Y0
X41.006Y-41.006
M99

O110;                                   精铣薄壁外侧子程序
G00X-10Y59
G01Z-10
M98P7000D07F30                          D07=4.0
G90Z1
M99

O120;                                   精铣薄壁内侧子程序
G00X-10Y39
G01Z-10
M98P4000D17F30
G90Z1
M99
```

实践操作

1. 加工材料及工具

1）设备：加工中心 XH713A。

2）材料：45 钢（100×100×25.5）。

3）工具：活动扳手，平行垫铁，百分表，其他常用加工中心辅具。

4）量具：外径千分尺（25～50，0.01），内径千分尺（5～50，0.01）、厚度千分尺、深度千分尺（0～25，0.01），*R* 规（*R*5～50）、止通规（ϕ10H8）。

5）刀具：ϕ63 盘铣刀、ϕ14 键槽铣刀、ϕ16 立铣刀、ϕ8 立铣刀、ϕ5 中心钻、ϕ11.8 麻花钻、ϕ12H8 铰刀。

6）夹具：精密平口虎钳。

2. 综合加工的步骤

加工步骤如项目图 9.10 所示。

（1）工件装夹与校正。

以工件的底平面定位，先用百分表找正上表面和外侧面校正完成后，夹紧工件。

（2）对刀

利用“取中法”或“测量法”对刀 X、Y 向，使用塞尺或直接对刀 Z 向，将工件坐标系原点的机械坐标值输入 G54 参数表中。Z 向对刀时需要去除表面残料 0.5mm。

（3）程序编制、录入与刀路模拟

录入编制好的加工程序，并进行刀路模拟。将刀具半径补偿值、刀具长度补偿值输入到指定的位置。

（4）自动加工

完成粗加工和半精加工。

（5）测量

测量工件外形尺寸。根据精度要求，计算精加工的刀具半径补偿值。

（6）精加工

精加工，直至达到要求为止。使用 GOTO 指令只执行精加工程序部分。

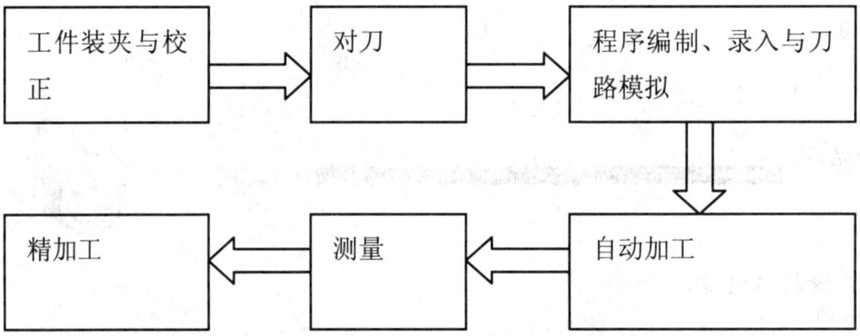

项目图 9.10　加工步骤

思考与练习

试编制 SIEMENS 系统的综合加工程序，在数控加工仿真软件完成加工。

学习检测

评分表

工件编号							
项目与配分		序号	技术要求	配分	评分标准	检测记录	得分
工件加工评分（80%）	外形轮廓	1	$980^{0}_{-0.03}$	5	超差全扣		
		2	$420^{0}_{-0.03}$	5	超差全扣		
		3	2 ± 0.03	5	超差全扣		
		4	平行度 0.04	6	超差全扣		
		5	$10^{+0.03}_{0}$	5	每错一处扣 3 分		
		6	侧面 R_a 1.6μm	5	每错一处扣 1 分		
		7	底面 R_a 3.2μm	3	每错一处扣 1 分		
		8	$R10$、$R45$、$R50$	6	每错一处扣 2 分		
	内轮廓与孔	9	$40^{+0.03}_{0}$	5	超差全扣		
		10	$10^{+0.03}_{0}$	5	超差全扣		
		11	$25.36^{+0.03}_{0}$	4	超差全扣		
		12	孔距 58 ± 0.03	6	每错一处扣 3 分		
		13	孔径 $\phi12H8$	6	每错一处扣 2 分		
		14	$R10$、$R30$	2	每错一处扣 1 分		
		15	侧面 R_a 1.6μm	3	每错一处扣 1 分		
		16	底面 R_a 3.2μm	2	每错一处扣 1 分		
	其他	17	工件按时完成	4	未按时完成全扣		
		18	工件无缺陷	3	缺陷一处扣 3 分		
程序与工艺（10%）		19	程序正确合理	5	每错一处扣 2 分		
		20	加工工序卡	5	不合理每处扣 2 分		
机床操作（10%）		21	机床操作规范	5	每错一处扣 2 分		
		22	工件、刀具装夹	5	每错一处扣 2 分		
安全文明生产（倒扣分）		23	安全操作	倒扣	安全事故停止操作或酌扣 5～30 分		
		24	机床整理	倒扣			

附录 数控铣床/加工中心仿真加工操作（SIEMENS 802D系统）

加工一零件的完整步骤：选择机床→机床准备→安装零件和夹具→安装压板→对基准→设置工件坐标系参数→安装刀具→导入数控程序→设置刀补参数→观察程序轨迹→自动加工→测量→保存。

1. 面板简介

SIEMENS 802D 铣床及加工中心操作面板和系统面板如附录图 1 所示。面板介绍如附录表 1 所示。

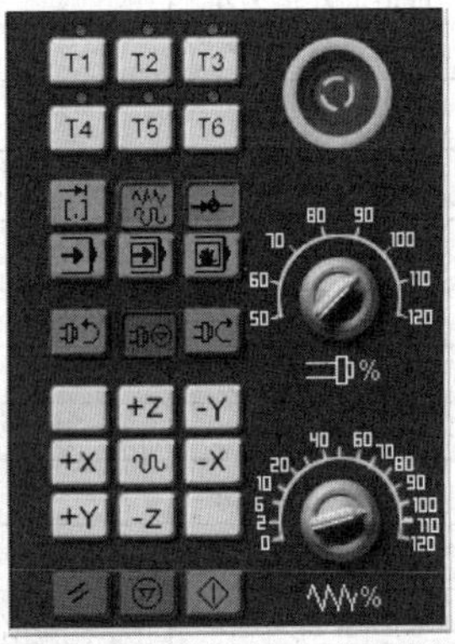

SIEMENS 802D 铣床及加工中心操作面板

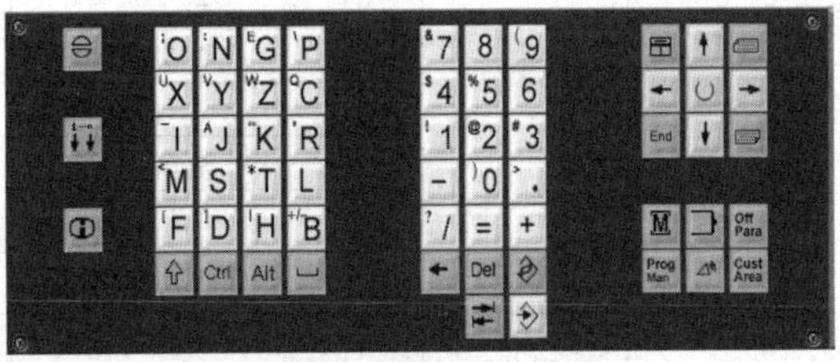

SIEMENS 802D 系统面板

附录图 1 SIEMENS 802D

附录表1 SIEMENS 802D面板介绍

按 钮	名 称	功 能 简 介
	紧急停止	按下急停按钮，使机床移动立即停止，并且所有的输出如主轴的转动等都会关闭
	点动距离选择按钮	在单步或手轮方式下,用于选择移动距离
	手动方式	手动方式，连续移动
	回零方式	机床回零；机床必须首先执行回零操作，然后才可以运行
	自动方式	进入自动加工模式。
	单段	当此按钮被按下时，运行程序时每次执行一条数控指令
	手动数据输入（MDA）	单程序段执行模式
	主轴正转	按下此按钮，主轴开始正转

续表

按 钮	名 称	功 能 简 介
	主轴停止	按下此按钮，主轴停止转动
	主轴反转	按下此按钮，主轴开始反转
	快速按钮	在手动方式下，按下此按钮后，再按下移动按钮则可以快速移动机床
+Z -Z +Y -Y +X -X	移动按钮	
	复位	按下此键，复位 CNC 系统，包括取消报警、主轴故障复位、中途退出自动操作循环和输入、输出过程等
	循环保持	程序运行暂停，在程序运行过程中，按下此按钮运行暂停。按恢复运行
	运行开始	程序运行开始
	主轴倍率修调	将光标移至此旋钮上后,通过点击鼠标的左键或右键来调节主轴倍率
	进给倍率修调	调节数控程序自动运行时的进给速度倍率，调节范围为 0~120%。置光标于旋钮上，点击鼠标左键，旋钮逆时针转动，点击鼠标右键，旋钮顺时针转动
	报警应答键	
	通道转换键	
	信息键	
	上档键	对键上的两种功能进行转换。用了上档键，当按下字符键时，该键上行的字符（除了光标键）就被输出
	空格键	
	删除键（退格键）	自右向左删除字符
Del	删除键	自左向右删除字符
	取消键	
	制表键	
	回车/输入键	①接受一个编辑值。②打开、关闭一个文件目录。③打开文件
	翻页键	
M	加工操作区域键	按此键，进入机床操作区域
	程序操作区域键	
Off Para	参数操作区域键	按此键，进入参数操作区域
Prog Man	程序管理操作区域键	按此键，进入程序管理操作区域
	报警/系统操作区域键	
	选择转换键	一般用于单选、多选框

2．机床准备

（1）激活机床

检查急停按钮是否松开至状态，若未松开，点击急停按钮，将其松开。

（2）机床回参考点

进入回参考点模式：系统启动之后，机床将自动处于“回参考点”模式，在其他模式下，依次点击按钮和进入“回参考点”模式

回参考点操作步骤如下所述。

Z 轴回参考点：按下按钮+Z，*Z* 轴将回到参考点，回到参考点之后，*Z* 轴的回零灯将从变为；

X 轴回参考点：按下按钮+X，*X* 轴将回到参考点，回到参考点之后，*X* 轴的回零灯将从变为；

Y 轴回参考点：按下按钮+Y，*Y* 轴将回到参考点，回到参考点之后，*Y* 轴的回零灯将从变为；

回参考点前的界面如附录图 2 所示，回参考点后的界面如附录图 3 所示。

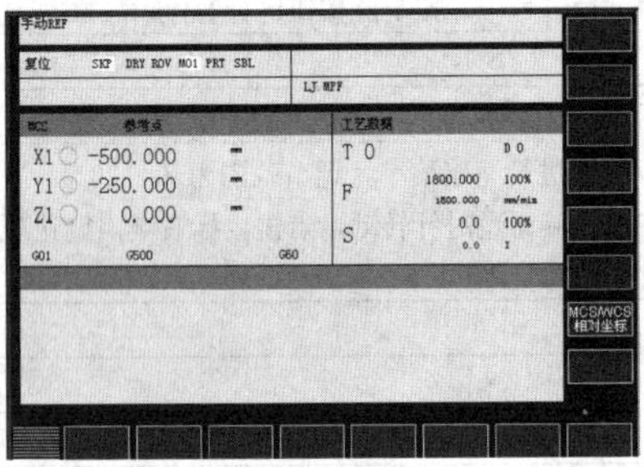

附录图 2　机床回参考点前 CRT 界面图

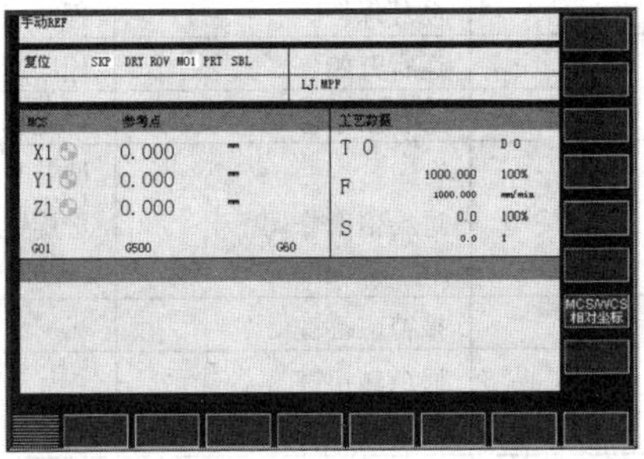

附录图 3　机床回参考点后 CRT 界面

3. 选择刀具

依次按下菜单栏中的“机床/选择刀具” 或者在工具栏中按下图标“”，系统将弹出“选择铣刀”对话框。

按条件列出工具清单，筛选的条件是直径和类型。

1）在“所需刀具直径”输入框内输入直径，如果不把直径作为筛选条件，请输入数字“0”。

2）在“所需刀具类型”选择列表中选择刀具类型。可供选择的刀具类型有平底刀、平底带 R 刀、球头刀、钻头等。

3）按下“确定”，符合条件的刀具在“可选刀具”列表中显示。

指定序号：如附录图 4 所示。这个序号就是刀库中的刀位号。卧式加工中心允许同时选择 20 把刀具，立式加工中心同时允许 24 把刀具。

选择需要的刀具：先用鼠标单击“已经选择刀具”列表中的刀位号，用鼠标单击“可选刀具”列表中所需的刀具，选中的刀具对应显示“已经选择刀具”列表中选中的刀位号所在行。

输入刀柄参数：操作者可以按需要输入刀柄参数。参数有直径和长度。总长度是刀柄长度与刀具长度之和。刀柄直径的范围为 0～70mm；刀柄长度的范围为 0～100mm。

删除当前刀具：在“已选择的刀具”列表中选择要删除的刀具，按“删除当前刀具”

键删除选中刀具。

确认选刀：按“确认”键完成选刀，刀具按所选刀位号放置在刀架上；如放弃本次选择，按“取消”键退出选刀操作。

4. 对刀

数控程序一般按工件坐标系编程，对刀的过程就是建立工件坐标系与机床坐标系之间的关系的过程。常见的是将工件上表面中心点（铣床及加工中心）。此处就采用工件上表面中心点（铣床及加工中心）。将工件上其他点设为工件坐标系原点的对刀方法类似。

下面分别具体说明铣床、立式加工中心的对刀方法。

注意：本系统提供了多种观察机床的视图。可单击菜单“视图”进行选择，也可单击主菜单工具栏上的小图标进行选择。

（1）*X*，*Y* 轴对刀

铣床及加工中心在 *X*，*Y* 方向对刀时一般使用的是基准工具。基准工具包括“刚性靠棒”和“寻边器”两种。

注意：此处铣床和加工中心对刀时采用的是将零件放置在基准工具的左侧（正面视图）的方法。

单击菜单栏中的“机床/基准工具…”，弹出的基准工具对话框中，左边的是刚性靠棒，右边的是寻边器，如附录图 5 所示。

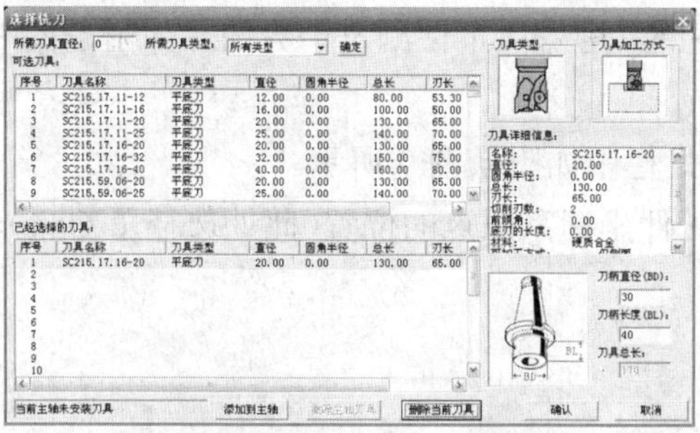

附录图 4 加工中心指定刀位号

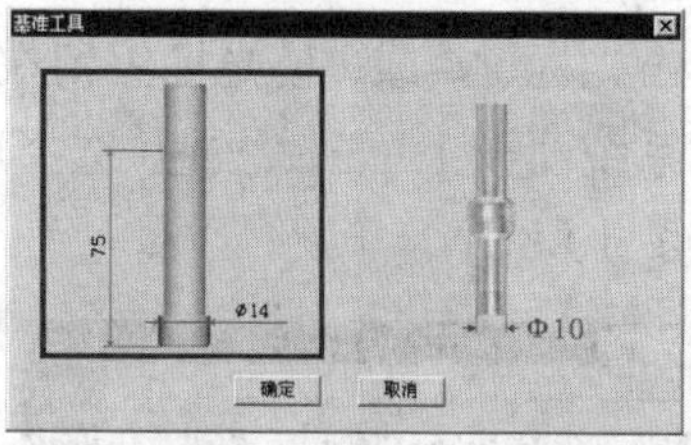

附录图 5 基准工具对话框

刚性靠棒：刚性靠棒采用检查塞尺松紧的方式对刀，具体过程如下所述[我们采用将零件放置在基准工具的左侧（正面视图）的方式]。

X 轴方向对刀：单击操作面板中的按钮进入“手动”方式；借助“视图”菜单中的动态旋转、动态放缩、动态平移等工具，通过单击 -X +X，-Y +Y，-Z +Z 按钮，将机床移动到如下图所示的大致位置。移动到大致位置后，可以采用手轮调节方式移动机床，单击菜单“塞尺检查/1mm”，基准工具和零件之间被插入塞尺。在机床下方显示如附录图 6 所示的局部放大图（紧贴零件的红色物件为塞尺）。

单击系统面板的手轮按钮，显示手轮，通过单击鼠标的右键将手轮对应轴旋钮置于 X 档，调节手轮进给量旋钮，将鼠标置于手轮上，通过点击鼠标左键或右键精确移动零件。单击鼠标左键，机床向负方向运动；单击鼠标右键，机床向正方向运动。直到提示信息对话框显示“塞尺检查的结果：合适”如附录图 7 所示。

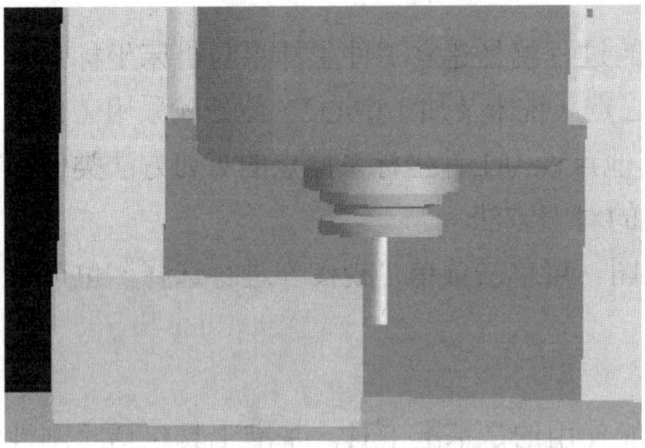

附录图 6　接近工件

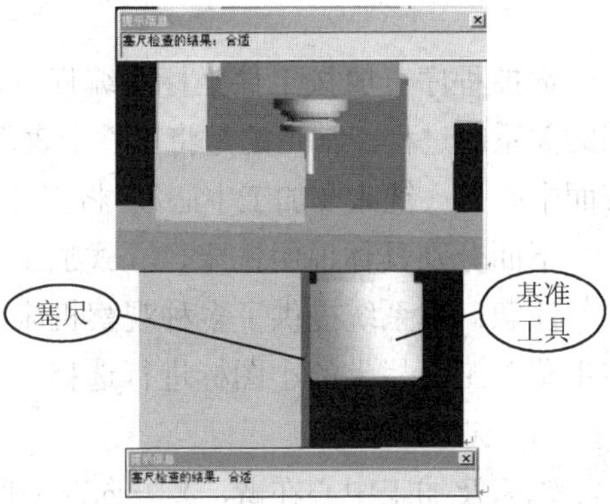

附录图 7　靠模合适

注意：本软件中，基准工具的精度可以达到 1 μm，所以如果想使塞尺检查的结果显示为“合适”，需要将进给量调到 1 μm 。

将工件坐标系原点到 X 方向基准边的距离记为 X_2；将塞尺厚度记为 X_3（此处为 1mm）；将基准工具直径记为 X_4（可在选择基准工具时读出，刚性基准工具的直径为 14mm），将 $X_2+X_3+X_4/2$ 记为 DX。单击软键，进入“工件测量”界面，如附录图 8 所示。

单击光标键或使光标停留在“存储在”栏中如附录图 9 所示。

在系统面板上单击按钮，选择用来保存工件坐标系原点的位置(此处选择了 G54)，如附录图 10 所示。

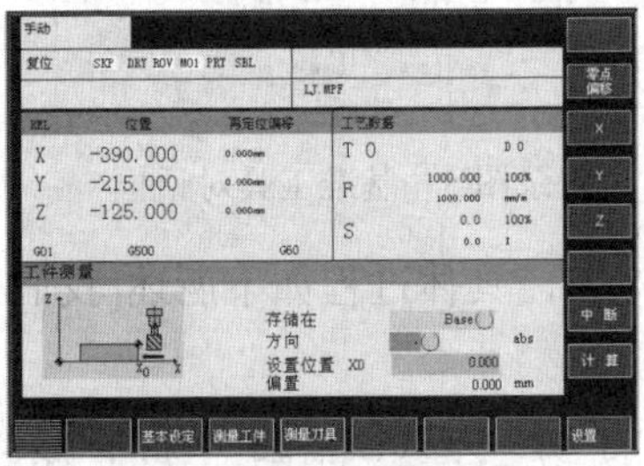

附录图 8　工件测量界面

附录图 9　存储位置选择

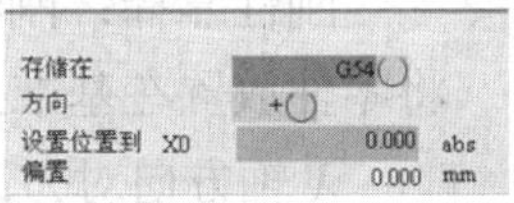

附录图 10　存储于 G54

单击按钮将光标移动到“方向”栏中，并通过按下按钮，选择方向（此处应该选择“-”）。

单击按钮将光标移至“设置位置到 X0”栏中，并在“设置位置 X0”文本框中输入 DX 的值，并按下键。

按下软键，系统将会计算出工件坐标系原点的 *X* 分量在机床坐标系中的坐标值，并将此数据保存到参数表中。

Y 方向对刀采用同样的方法。

注意：使用点动方式移动机床时，手轮的选择旋钮需置于“OFF 档”。

完成 *X*，*Y* 方向对刀后，需将塞尺和基准工具收回。步骤如下：

依次点击菜单栏中的“塞尺检查/收回塞尺”将塞尺收回；

单击操作面板中按钮，切换到手动状态，点击按钮将 Z 轴作为当前需要进给的轴，按下按钮，抬高 Z 轴到适当位置，再依次点击菜单栏中的“机床/拆除工具”将基准工具拆除。

注意：塞尺有各种不同尺寸，可以根据需要调用。本系统提供的毫尺尺寸有 0.05mm、0.1mm、0.2mm、1mm、2mm、3mm、100mm（量块）。

寻边器。寻边器有固定端和测量端两部分组成。固定端由刀具夹头夹持在机床主轴上，中心线与主轴轴线重合。在测量时，主轴以 400～600r/m 旋转。通过手动方式，使寻边器向工件基准面移动靠近，让测量端接触基准面。在测量端未接触工件时，固定端与测量端的中心线不重合，两者呈偏心状态。当测量端与工件接触后，偏心距减小，这时使用点动方式或手轮方式微调进给，寻边器继续向工件移动，偏心距逐渐减小。当测量端和固定端的中心线重合的瞬间，测量端会明显的偏出，出现明显的偏心状态。这是主轴中心位置距离工件基准面的距离等于测量端的半径。

X 轴方向对刀：单击操作面板中的按钮进入“手动”方式；借助“视图”菜单中的动态旋转、动态放缩、动态平移等工具，适当单击操作面板上的 +X -X +Y -Y +Z -Z 按钮，将机床移动到如附录图 11 所示的大致位置，在手动状态下，单击操作面板上的或按钮，使主轴转动。未与工件接触时，寻边器上下两部分处于偏心状态。移动到大致位置后，可采用手轮方式移动机床，单击 手轮 显示手轮，将置于 *X* 档，调节手轮移动量旋钮，在将鼠标置于手轮上通过单击鼠标左键或右键来移动机床（单击左键，机床向负方向运动；单击右键，机床向正方向运动）。寻边器偏心幅度逐渐减小，直至上下半截几乎处于同一条轴心线上，如附录图 12 所示，若此时再进行增量或手动方式的小幅度进给时，寻边器下半部突然大幅度偏移，如附录图 13 所示。即认为此时寻边器与工件恰好吻合。

注意：本软件中，基准工具的精度可以达到 1μm，如需精确对刀，则需要将进给量调到 1μm。

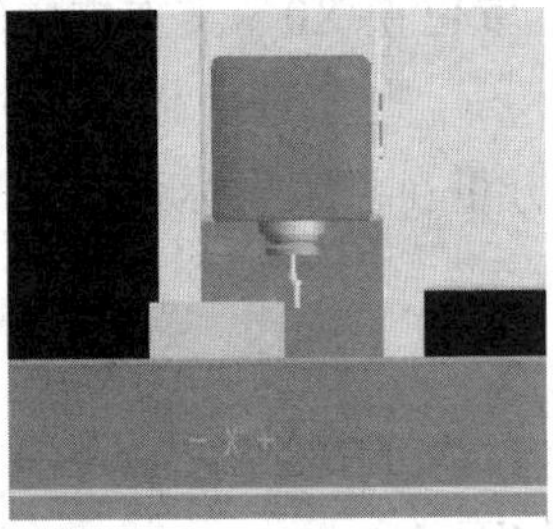

附录图 11　接近工件

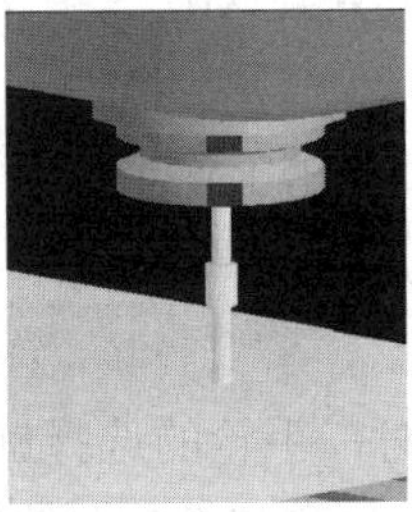

附录图 12　靠模同心

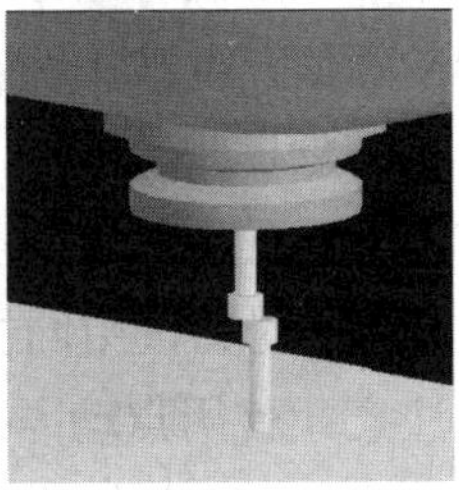

附录图 13　靠模过度

将工件坐标系原点到 X 方向基准边的距离记为 X_2；将基准工具直径记为 X_4（可在选择基准工具时读出，刚性基准工具的直径为 10mm），将 $X_2+X_4/2$ 记为 DX；单击软键，进入“工件测量”界面，如图附录图 14 所示。

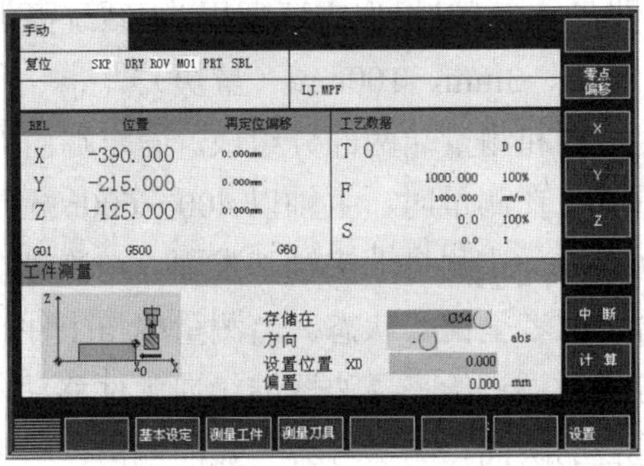

附录图 14　工件测量界面

单击光标键或使光标停留在“存储在”栏中如附录图 15 所示。

在系统面板上按下按钮，选择用来保存工件坐标系原点的位置(此处选择了 G54)，如附录图 16 所示。

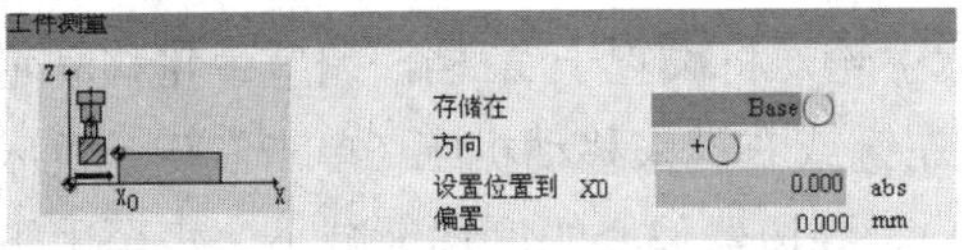

附录图 15　存储位置选择

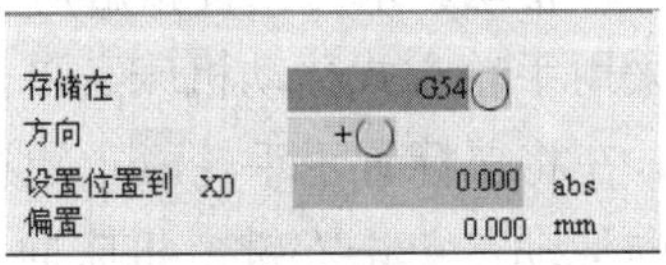

附录图 16　存储于 G54

单击按钮将光标移动到“方向”栏中，并通过单击按钮，选择方向（此处应该选择“-”）。

单击按钮将光标移至“设置痊置到 X0”栏中，并在“设置位置 X0”文本框中输入 DX 的值，并单击键。

单击软键，系统将会计算出工件坐标系原点的 X 分量在机床坐标系中的坐标值，并将此数据保存到参数表中。

Y 方向对刀采用同样的方法。完成 *X*，*Y* 方向对刀后，需将基准工具收回。具体操作步骤如下：单击操作面板中按钮，切换到手动状态；单击按钮 Z 将 *Z* 轴作为当前需要进给的轴，按下按钮 +，抬高 *Z* 轴到适当位置；单击菜单“机床/拆除工具”拆除基准工具。

（2）*Z* 轴对刀

铣、加工中心对 *Z* 轴对刀时采用的是实际加工时所要使用的刀具。首先假设需要的刀具已经安装在主轴上了。

1）塞尺检查法。单击操作面板中的按钮进入“手动”方式；借助“视图”菜单中的动态旋转、动态放缩、动态平移等工具，适当单击 -X +X，-Y +Y，-Z +Z 按钮，将机床移动到大致位置，如附录图 17 所示。

类似在 *X*，*Y* 方向对刀的方法进行塞尺检查，得到“塞尺检查：合适”时 *Z* 的坐标值；单击软键 测量工件，进入“工件测量”界面,单击软键 Z。如附录图 18 所示。在系统面板上使用选择用来保存工件坐标原点的位置（此处选择了 G54）。使用移动光标，在“设置位置 Z0”文本框中输入塞尺厚度，并按下键；单击软键“计算”，就能得到工件坐标系原点的 *Z* 分量在机床坐标系中的坐标，此数据将被自动记录到参数表中。

附录图 17　接近工件

附录图 18　靠模合适

2）试切法。单击操作面板中的按钮进入“手动”方式；单击 -X +X，-Y +Y，-Z +Z 按钮，将机床移动到大致位置，如附录图 19 所示。

打开菜单“视图/选项…”中“声音开”选项；点击操作面板上或，使主轴转动；单击 -Z 按钮，切削零件的声音刚响起时停止，使铣刀将零件切削小部分；用如同“塞尺检查法”的方式将数据输入到参数表中（此时“设置位置 Z0”文本框中应该输入 0）。

关于立式加工中心对刀的补充说明：

立式加工中心在选择刀具后，刀具被放置在刀架上的，因此 *Z* 方向对刀时，首先要将所需刀具安装在主轴上，然后再进行 *Z* 轴方向对刀。将刀具安装到主轴上的步骤如下：

①点击操作面板上的“MDA 模式”按钮，使其指示灯变亮，机床进入 MDA 模式；

②使用系统面板输入 T1D1M6；

③单击运行输入的指令，此时系统自动将 1 号刀安装倒主轴上。

（3）多把刀对刀

假设以 1 号刀为基准刀，基准刀的对刀方法同上。对于非基准刀，此处以 2 号刀为例进行说明：

1）建立刀具参数表（参见刀具参数管理部分）。

2）用 MDA 方式将 2 号刀安装到主轴上。

3）采用塞尺法对刀具进行对刀。

单击软键测量刀具，进入“刀具测量界面”，如附录图 20 所示。

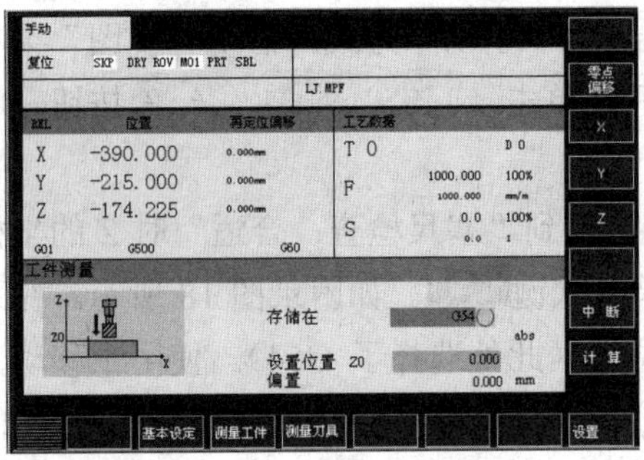

附录图 19 工件测量界面

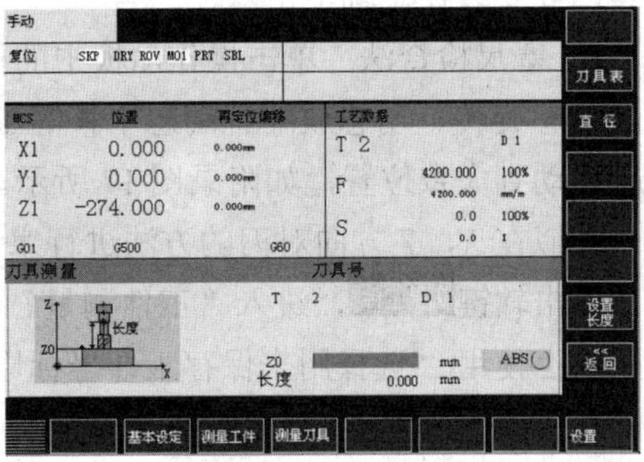

附录图 20 刀具测量界面

将光标移动到ABS控件，打开键盘，用选择对应的工件坐标系，此处选择“G54”，此时“刀具测量”对话框如附录图 21 所示。移动光标到 Z0 对应的文本框中，修改其中的数据（减去塞尺的厚度），并按下键，点击设置长度软键，计算得到的数据将被自动记录到刀具表对应的位置中。

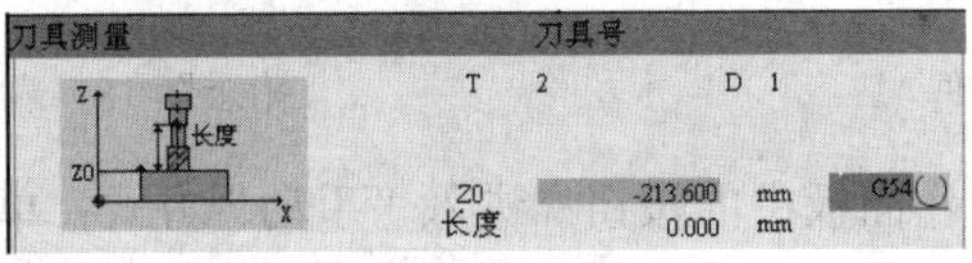

附录图 21 刀具长度测量

5. 设定参数

（1）设置运行程序时的控制参数

1）使用程序控制机床运行，已经选择好了运行的程序参考选择待执行的程序。

2）按下控制面板上的自动方式键，若 CRT 当前界面为加工操作区，则系统显示出如附录图 22 所示的界面，否则仅在左上角显示当前操作模式（“自动”）而界面不变。

3）软键“程序顺序”可以切换段的 7 行和 3 行显示。

4）软键“程序控制”可设置程序运行的控制选项，如附录图 23 所示。

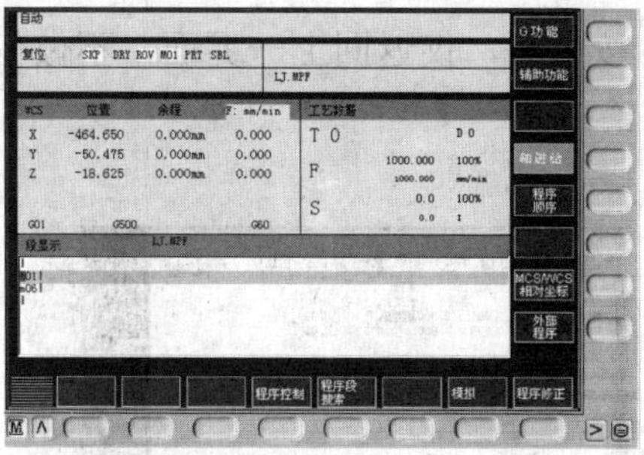

附录图 22　自动方式界面

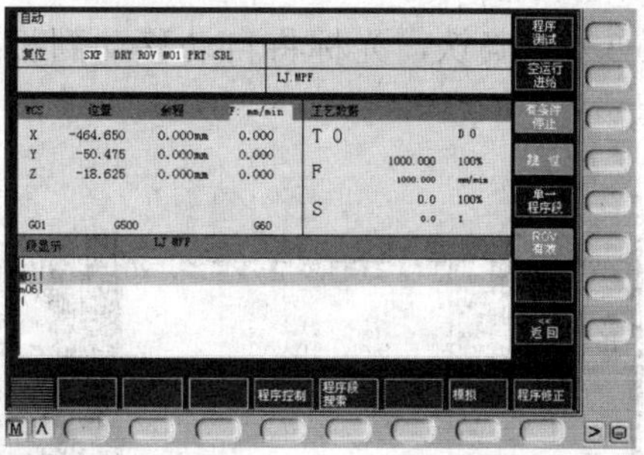

附录图 23　程序控制软键

按软键 返回 返回前一界面。竖排软键对应的状态说明如附录表 2 所示。

附录表2　程序控制中状态说明

软键	显示	说明
程序测试	PRT	在程序测试方式下所有到进给轴和主轴的给定值被禁止输出，机床不动，但显示运行数据
空运行进给	DRY	进给轴以空运行设定数据中的设定参数运行，执行空运行进给时编程指令无效
有条件停止	M01	程序在执行到有 M01 指令的程序时停止运行
跳过	SKP	前面有斜线标志的程序在程序运行时跳过不予执行（如：/N100G…
单一程序段	SBL	此功能生效时零件程序按如下方式逐段运行：每个程序段逐段解码，在程序段结束时有一暂停，但在没有空运行进给的螺纹程序段时为一例外，在引只有螺纹程序段运行结束后才会产生一暂停。单段功能中有处于程序复位状态时才可以选择
ROV 有效	ROV	按快速修调键，修调开关对于快速进给也生效

程序执行完毕或按复位键中断加工程序，再按启动键则从头开始。

（2）刀具参数管理

建立新刀具如下：

1）若当前不是在参数操作区，按系统面板上的“参数操作区域键”，切换到参数区。

2）单击软键“刀具表”切换到刀具表界面，如附录图 24 所示。

3）单击软键“新刀具”，切换到新刀具界面，如附录图 25 所示。

4）软键“铣刀”、“钻削”选择要新建的刀具类型，系统弹出新刀具对话框，对应“铣刀”、“钻削”的对话框如附录图 26 所示。在对话框中输入要创建的刀具数据的刀具号。

5）确认，则创建对应刀具，按中断，返回新刀具界面，不创建任何刀具。

搜索刀具如下：

1）按软键“刀具表”切换到刀具表界面。

2）按软键“搜索”，在搜索刀具对话框中输入刀具号。

3）按确认，光标将自动移动到相应的行，按中断，仅返回上一界面，不做任何事情。

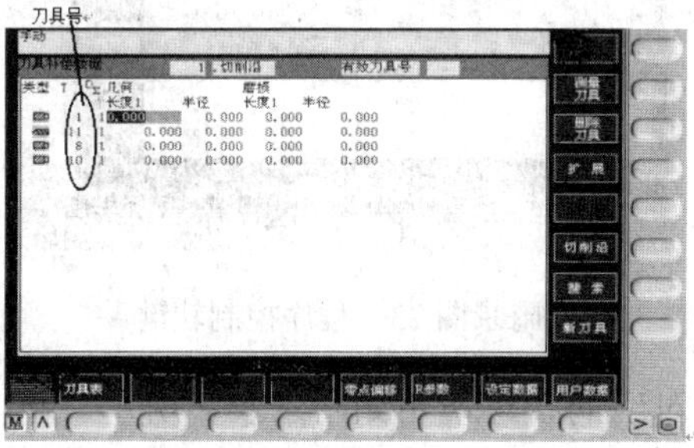

附录图 24　刀具表界面

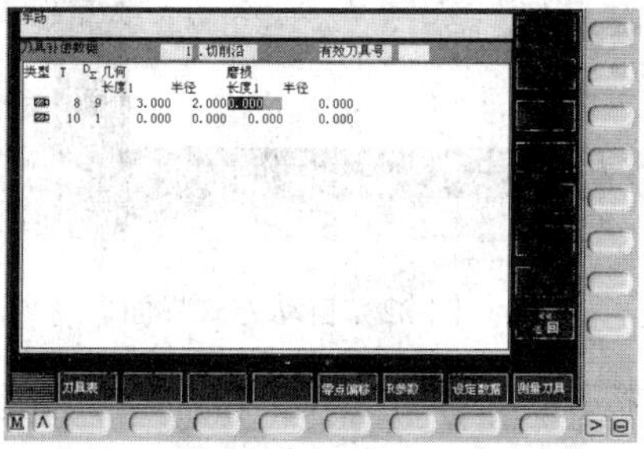

附录图 25　新刀具界面

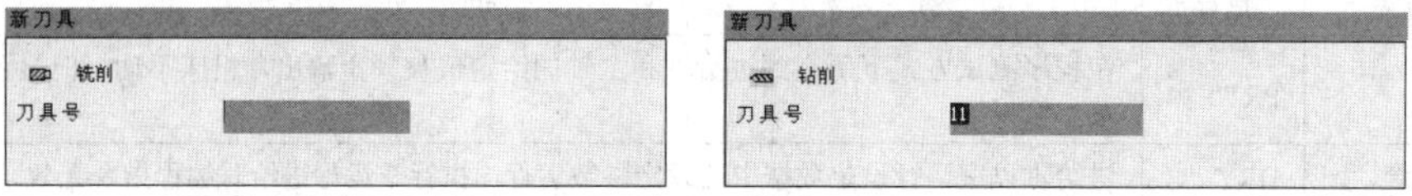

附录图 26　建立新刀具

手动编辑刀具数据如下：

1）若当前不是在参数操作区，用系统面板上的OFF按钮，切换到参数区。

2）按软键“刀具表”切换到刀具表界面，如附录图 24 所示。

3）用光标键定位到到修改的数据，若刀具数据多于一页，可用“上一页”和“下一页”翻页键翻页。

4）输入数值。

5）输入键（INPUT）确认，或移动光标，数据将自动保存可重复输入数据。

注：在自动运行程序时也可以更改刀具数据。

删除刀具数据如下：

1）按软键“删除刀具”，系统弹出删除刀具对话框，如附录图 27 所示。

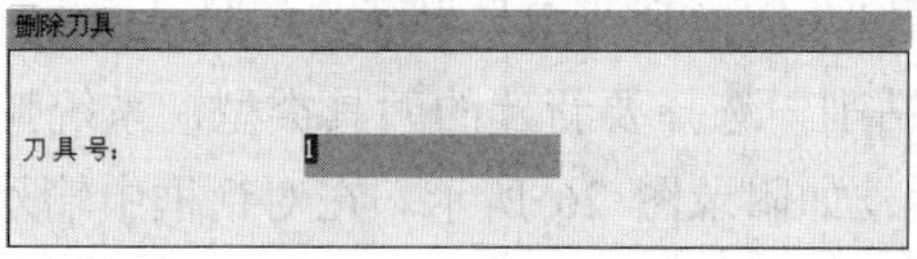

附当图 27　删除刀具

2）如果按“确认”软键，对话框被关闭，并且对应刀具及所有刀沿数据将被删除；如果按“中断”软键，则仅仅关闭对话框。

显示和编辑扩展数据：对于一些特殊刀具，“刀具表”界面中无法输入数据时可以使用此功能。

按软键“扩展”，进入扩展刀具数据界面，如附录 28 所示。初始的刀具号为当前选中的刀具。

1）用软键“D>>”和“<<D”选择下一个或上一个刀沿数据。

2）用软键“新刀沿”可创建新的刀沿。

3）光标键移动到修改的数据，输入数据，按输入键确认输入数据。

4）按“复位刀沿”可复位修改前的刀沿的所有数据。

5）软键“<<”退回到上一界面。

创建新刀沿如下：

1）切换到刀具表界面，按软键“切削沿”，切换到如附录图 29 所示界面。

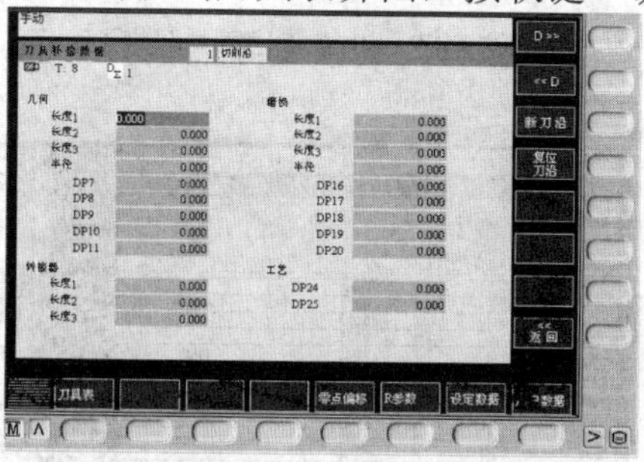

附录图 28　扩展刀具数据界面

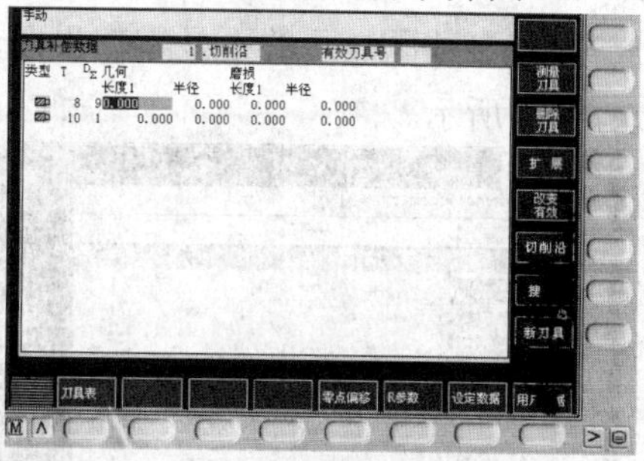

附录图 29　切削沿界面

2）用软键“新刀沿”，为当前刀具创建一个新的刀沿数据，且当前刀沿号变为新的刀沿号（刀沿号不得超过 9 个）。

3）用“返回”，返回到刀具表界面。

（3）零偏数据功能

基本设定：在相对坐标系中设定临时参考点（相对坐标系的基本零偏）。进入“基本设定”界面：

1）按键切换到手动方式或按键切换到 MDA 方式下。

2）按软键“基本设定”，系统进入到如附录图 30 所示的界面。

设置基本零偏的方式，设置基本零偏有两种方式：①“设置关系”软键被按下的方式；②“设置关系”没有被按下的方式。

当“设置关系”软键没有被按下时，文本框中的数据表示相对坐标系的原点在相对坐标系中的坐标。例如，当前机床位置在机床坐标系中的坐标为 X=0，Y=0，Z=0，基本设定界面中文本框的内容分别为 X=−390，Y=−215，Z=−125，则此时机床位置在相对坐标系中的坐标为 X=390，Y=215，Z=125。

当“设置关系”软键被按下时，文本框中的数据表示当前位置在相对坐标系中的坐标。例如，文本框中的数据为 X=−390，Y=−215，Z=−125，则此时机床位置在相对坐标系中的坐标为 X=−390，Y=−215，Z=−125。

基本设定的操作方法：

1）直接在文本框中输入数据。

2）使用软键 X=0 Y=0 Z=0，将对应文本框中的数据设成零。

3）使用软键 X=Y=Z=0，将所有文本框中的数据设成零。

4）使用软键 删除基本零偏，用机床坐标系原点来设置相对坐标系原点。

输入和修改零偏值：

1）若当前不是在参数操作区，按 MDI 键盘上的“参数操作区域键” OFF，切换到参数区。

2）若参数区显示的不是零偏界面，按软键“零点偏移”切换到零点偏移界面，如附录图 31 所示。

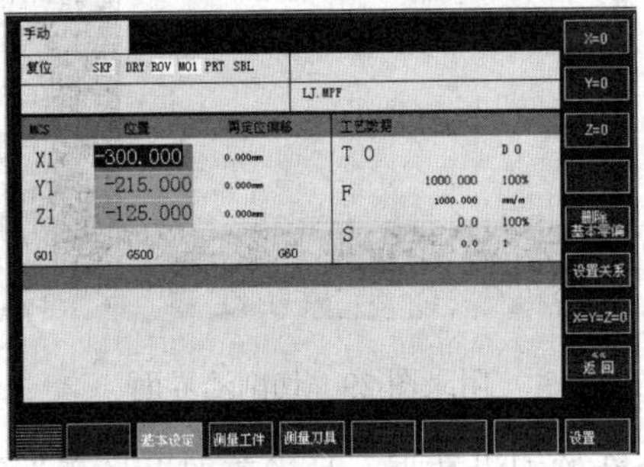

附录图 30　基本设定界面

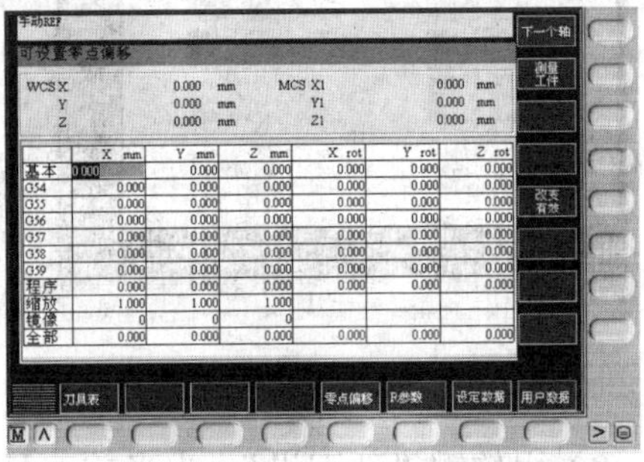

附录图 31　零点偏移界面

3）使用 MDI 键盘上的光标键定位到修改的数据的文本框上（其中程序、缩放、镜像和全部等几栏为只读），输入数值，按 INPUT 键或移动光标，系统将显示软键“改变有效” 改变有效，此时输入的新数据还没有生效。（在程序实现时可以使软键“改变有效”始终处于显示状态）。

4）按软键“改变有效”使新数据生效。

编程设定数据。设置与机床运行和程序控制相关的数据：

1）若当前不是在参数操作区，按 MDI 键盘上的“参数操作区域键” OFF，切换到参数区。

2）若参数区显示的不是设定数据界面，按软键“设定数据”切换到设定数据界面，如附录图 32 所示。

3）移动光标到输入位置并输入数据。

4）按输入键或移动光标到其它位置来确定输入。

附录图 31 中的参数说明：

1）JOG 进给率：在 JOG 状态下的进给率。如果该进给率为零，则系统使用机床数据中存储的数值。

2）主轴：主轴转速。

3）最小值/最大值：对主轴转速的限制只可以在机床数据所规定的范围内进行。

4）可编程主轴极限值：在恒定切削速度（G96）时可编程的最大速度（LIMS）。

5）空运行进给率：在自动方式中若选择空运行进给功能，则程序不按编程的进给率执行，而是执行在此输入的进给率。

6）螺纹切削开始角（SF）：在加工螺纹时主轴有一起始位置作为开始角，当重复进行该加工过程时，就可以通过改变此开始角切削多头螺纹。

注：此界面中其他软键不做处理。

R 参数："R 参数"窗口中列出了系统中所用到的所有 R 参数，需要时可以修改这些参数。若当前不是在参数操作区，按"参数操作区域键"和按软键"R 参数"进入 R 参数修改界面，如附录图 33 所示，利用或翻页键移动要输入的位置按"数字键"输入数据，然后按输入键或移动光标到其它位置来确认输入。也可利用"搜索"软键，输入要搜索的 R 参数的索引号，按"确认"或输入键进行确认查找 R 参数。

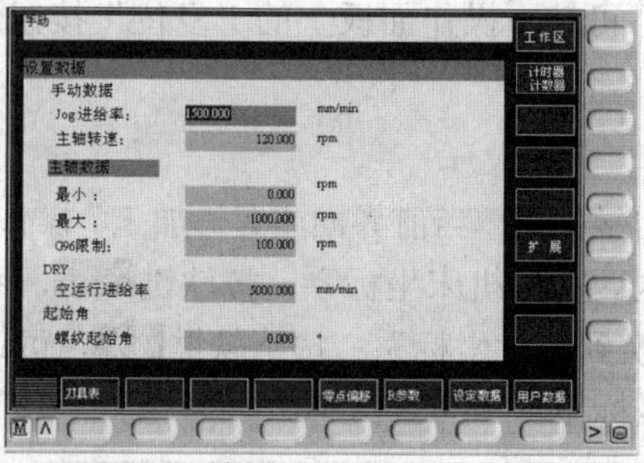

附录图 32 设定数据界面

附录图 33 R 参数表界面

注意：R 参数从 R0～R299 共有 300 个。输入数据范围为±(0.0000001～99999999)，若输入数据超过范围后，自动设置为允许的最大值。

6. 自动加工

（1）自动/连续方式下，自动加工流程为：

1）查机床是否机床回零。若未回零，先将机床回零。

2）使用程序控制机床运行，已经选择好了运行的程序参考选择待执行的程序。

3）按下控制面板上的自动方式键，若 CRT 当前界面为加工操作区，则系统显示出如附录图 34 所示的界面。否则仅在左上角显示当前操作模式（"自动"）而界面不变。

4）按启动键开始执行程序。

5）程序执行完毕。或按复位键中断加工程序，再按启动键则从头开始。

中断运行：数控程序在运行过程中可根据需要暂停，停止，急停和重新运行。

1）数控程序在运行过程中，按下“循环保持”按钮，程序暂停运行，机床保持暂停运行时的状态。再次按下“运行开始”按钮，程序从暂停行开始继续运行。

2）数控程序在运行过程中，按下“复位”按钮，程序停止运行，机床停止，再次按下“运行开始”按钮，程序从暂停行开始继续运行。

3）数控程序在运行过程中，按“急停”按钮，数控程序中断运行，继续运行时，先将急停按钮松开，再按下“运行开始”按钮，余下的数控程序从中断行开始作为一个独立的程序执行。

自动/单段方式为：

1）检查机床是否机床回零。若未回零，先将机床回零。

2）择一个供自动加工的数控程序（主程序和子程序需分别选择）。

3）按下操作面板上的按钮，使其指示灯变亮，机床进入自动加工模式。

4）按下操作面板上的按钮，使其指示灯变亮。

5）每按下一次“运行开始”按钮，数控程序执行一行，可以通过主轴倍率旋钮和进给倍率旋钮 来调节主轴旋转的速度和移动的速度。

注意：数控程序执行后，想回到程序开头，可按下操作面板上的“复位”按钮

7. 机床操作的一些其他功能

坐标系切换：用此功能可以改变当前显示的坐标系。当前界面不是“加工”操作区，按下“加工操作区域键”，切换到加工操作区。切换机床坐标系，按软键MCS/WCS 相对坐标，系统出现如附录图35的界面；按下软键相对 实际值，可切换到相对坐标系；按下软键工件 坐标，可切换到工件坐标系；按下软键机床 坐标，可切换到机床坐标系。

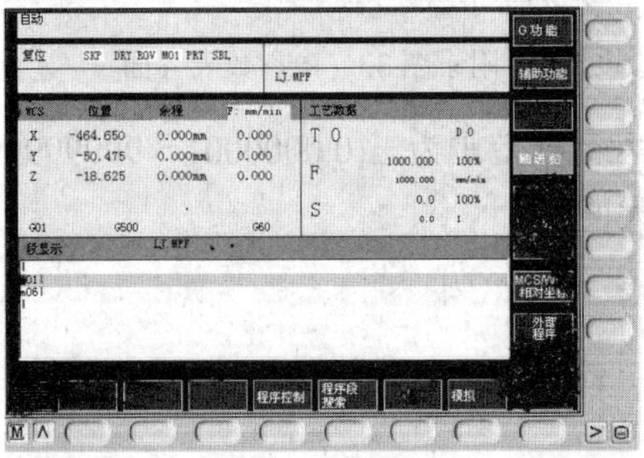

附录图34　自动运行界面

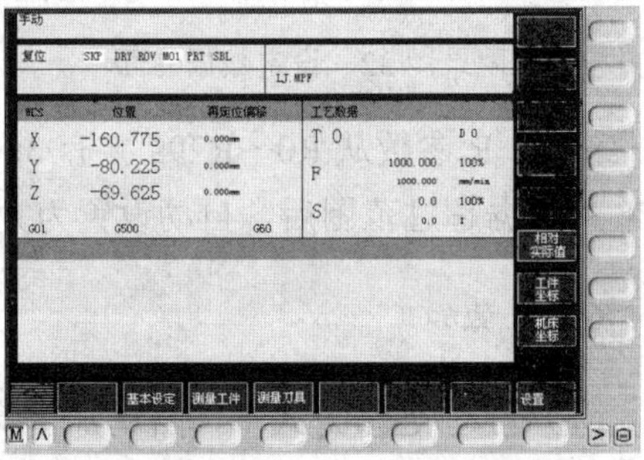

附录图35　切换机床坐标系

手轮：在手动/连续加工或在对刀，需精确调节机床时，可用手动脉冲方式调节机床。若当前界面不是“加工”操作区，按下“加工操作区域键”，切换到加工操作区。

按下进入手动方式，按下设置手轮进给速率（1 INC,10 INC, 100 INC, 1000

INC）。按下软键，出现如附录图 36 的界面。用软键或可以选择当前需要用手轮操作的轴。在系统面板的右边按下按钮，打开手轮。鼠标对准手轮，单击鼠标左键或右键，精确控制机床的移动。单击，可隐藏手轮。

MDA 方式：

1）按下控制面板上键，机床切换到 MDA 运行方式，则系统显示出如附录图 37 所示，图中左上角显示当前操作模式“MDA”

2）用系统面板输入指令。

3）输入完一段程序后，将光标定位到程序头，按下操作面板上的“运行开始”按钮，运行程序。程序执行完自动结束，或按停止按键中止程序运行。

注意：在程序启动后不可以再对程序进行编辑，只在“停止”和“复位”状态下才能编辑。

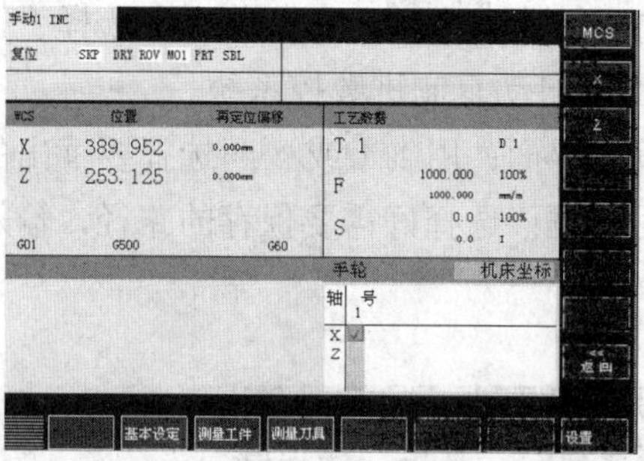

附录图 36　手轮轴选择

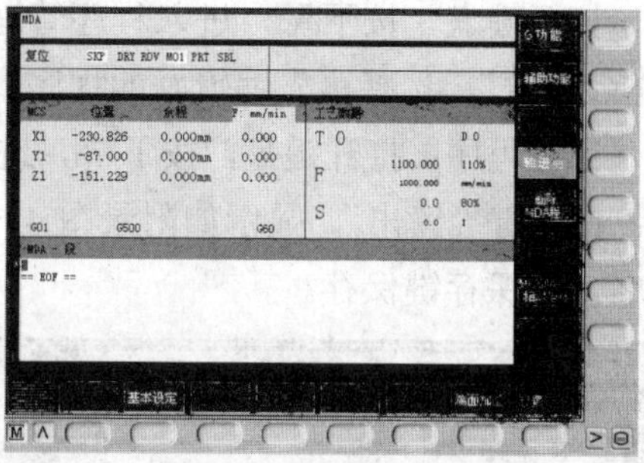

附录图 37　MDA 方式

8. 数控程序处理

数控程序可以通过记事本或写字板等编辑软件输入并保存为文本格式文件，也可直接用 SIEMENS802D 系统内部的编辑器直接输入程序。

新建一个数控程序：

1）在系统面板上按下，进入程序管理界面如附录图 38 所示。按下新程序键，则弹出对话框，如附录图 39 所示。

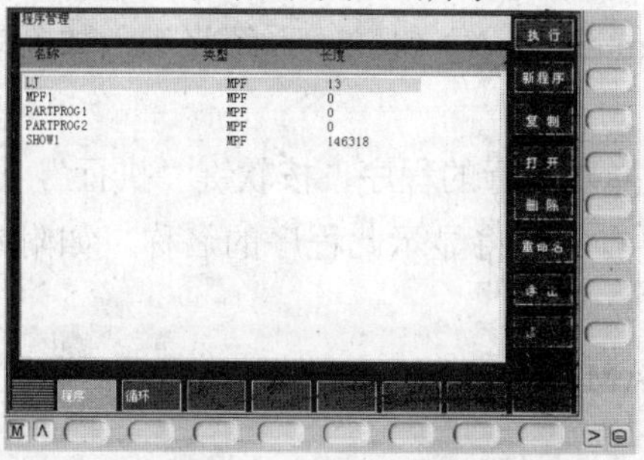

附录图 38　程序管理界面

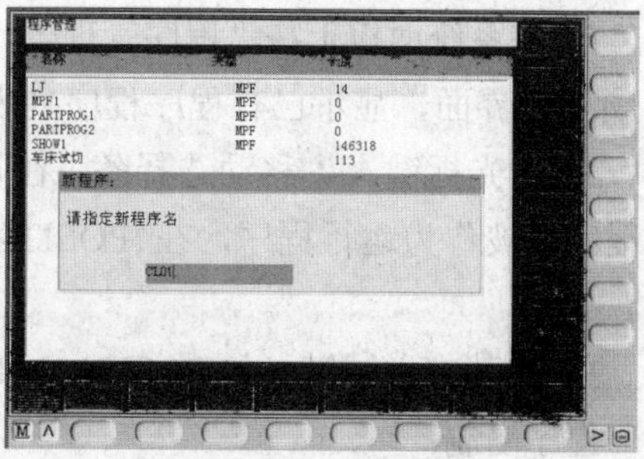

附录图 39　新程序建立

2）输入程序名，若没有扩展名，自动添加“.MPF”为扩展名，而子程序扩展名“.SPF”需随文件名起输入。

3）按“确认”键，生成新程序文件，并进入到编辑界面，如附录图 40 所示。

4）若按软键“中断”，将关闭此对话框并到程序管理主界面。

注：输入新程序名必须遵循以下原则：开始的两个符号必须是字母；其后的符号可以是字母，数字或下划线；最多为 16 个字符；不得使用分隔符。

数控程序传送，读入程序：先利用记事本或写字板方式编辑好加工程序并保存为文本格式文件，文本文件的头两行必须是如下的内容：

%_N_复制进数控系统之后的文件名_MPF

;$PATH=/_N_MPF_DIR

打开键盘，按下，进入程序管理界面；按下软键读入；在菜单栏中选择“机床/DNC 传送”，选择事先编辑好的程序，此程序将被自动复制进数控系统。

读出程序：打开键盘，按下，进入程序管理界面；用或选择要读出的程序；按软键“读出”，显示如附录图 41 所示的对话框；选择好需要保存的路径，输入文件名，按保存键保存。

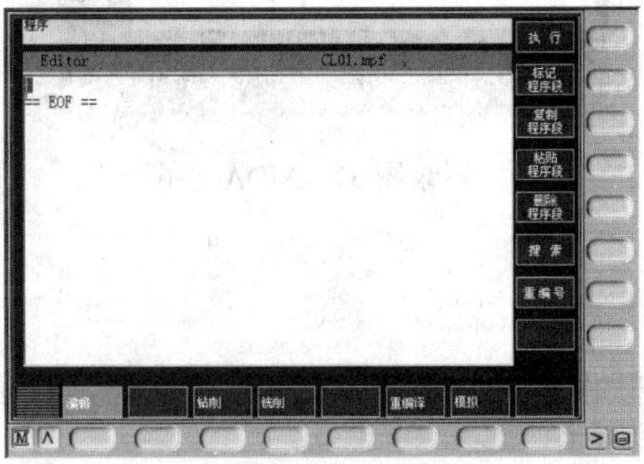

附录图 40　程序编程界面

附录图 41　程序读出

选择待执行的程序：

1）在系统面板上按“程序管理器”（Program manager）键，系统将进入如附录图 42 所示的界面，显示已有程序程序列表

2）用光标键移动选择条，在目录中选择要执行的程序，按软键“执行”，选择的程序将被作为运行程序，在 POSITION 域中右上角将显示此程序的名称，如附录图 43 所示。

3）按其它主域键（如 POSITION 或 PARAMTER 等），切换到其它界面。

程序复制：

1）进入到程序管理主界面的“程序”界面如附录图 38 所示。

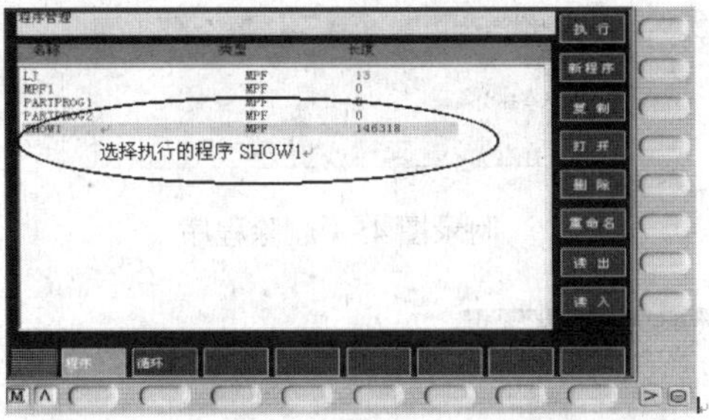

附录图 42 复制程序选择

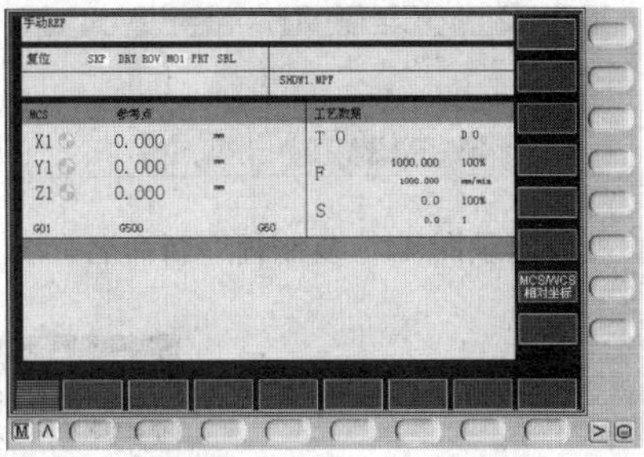

附录图 43 复制程序显示

2）使用光标选择要复制的程序。

3）按软键“复制”，系统出现如附录图 44 所示的复制对话框，标题上显示要复制的程序。输入程序名，若没有扩展名，自动添加“.MPF”为扩展名，而子程序扩展名“.SPF”需随文件名起输入。文件名必须以两个字母开头。

4）按“确认”键，复制原程序到指定的新程序名，关闭对话框并返回到程序管理界面。

若按软键“中断”，将关闭此对话框并到程序管理主界面。

注：若输入的程序与源程序名相同、或输入的程序名与一已存在的程序名相同时，将不能创建程序。

可以复制正在执行或选择的程序。

删除程序：

1）进入到程序管理主界面的“程序”界面如附录图 36 所示。

2）按光标键选择要删除的程序。

3）按软键“删除”，系统出现如附录图 45 所示的删除对话框：按光标键选择选项，第一项为刚才选择的程序名，表示删除这一个文件，第二项“删除全部文件”表示要删除程序列表中所有文件；按“确认”键，将根据选择删除类型删除文件并返回程序管理界面。若按软键“中断”，将关闭此对话框并到程序管理主界面。

注：若没有运行机床，可以删除当前选择的程序，但不能删除当前正在运行的程序。

重命名程序：

1）进入到程序管理主界面的“程序”界面如附录图 36 所示。

2）光标键选择要重命名的程序。

3）按软键“重命名”，系统出现如附录图 46 所示的重命名对话框。输入新的程序名，若没有扩展名，自动添加“.MPF”为扩展名，而子程序扩展名“.SPF”需随文件名起输入。

4）按“确认”键，源文件名更改为新的文件名并返回到程序管理界面。

若按软键“中断”，将关闭此对话框并到程序管理主界面。

附录图 44　复制程序新命名

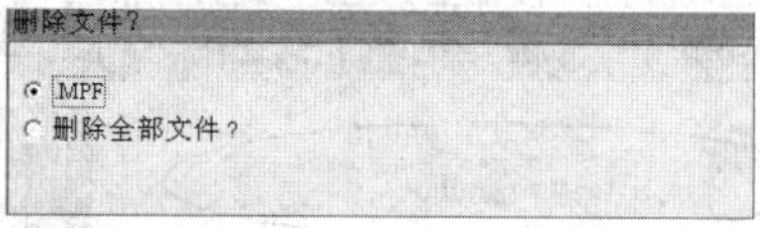

附录图 45　删除程序

附录图 46　改换程序名

注：若文件名不合法（应以两个字母开头）、新名与旧名相同、或文件名与已存在的文件相同，弹出警告对话框。若在机床停止时重命名当前选择的程序，则当前程序变为空程序，显示同删除当前选择程序相同的警告。可以重命名当前运行的程序，改名后，当前显示的运行程序名也随之改变。

编辑程序：

1）在程序管理主界面，选中一个程序，按软键“打开”或按 “INPUT”，进入到如附录图 47 所示的编辑主界面，编辑程序为选中的程序。在其他主界面下，按下系统面板的键，也可进入到编辑主界面，其中程序为以前载入的程序。

2）输入程序，程序立即被存储。

3）按软键“执行”来选择当前编辑程序为运行程序。

4）按下软键“标记程序段”，开始标记程序段，按“复制”或“删除”或输入新的字符时将取消标记

5）按下软键“复制程序段”，将当前选中的一段程序拷贝到剪切板。

6）按软键“粘贴程序段”，当前剪切板上的文本粘贴到当前的光标位置。

7）按软键“删除程序段”可以删除当前选择的程序段。

8）按软键“重编号”将重新编排行号。

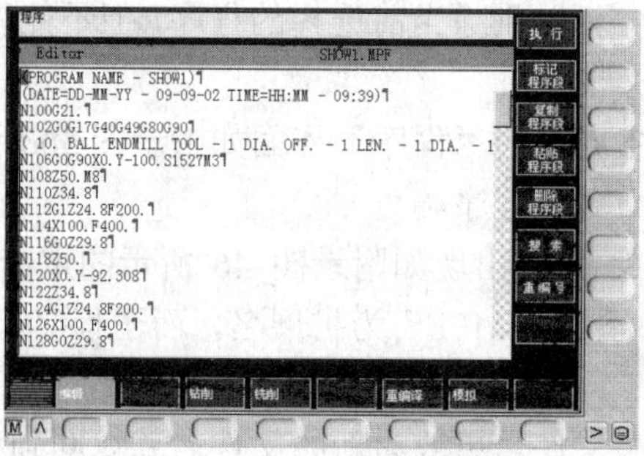

附录图 47　程序编辑界面

注：软键“钻削”，“车削”及铣床中的“铣削”暂不支持。若编辑的程序是当前正在执行的程序，则不能输入任何字符。

搜索程序：

1）切换到程序编辑界面，参考编辑程序。

2）按软键“搜索”，系统弹出如附录图 48 所示的搜索文本对话框。若需按行号搜索，按软键“行号”，对话框变为如附录图 49 所示的对话框。

附录图 48　搜索文本对话框

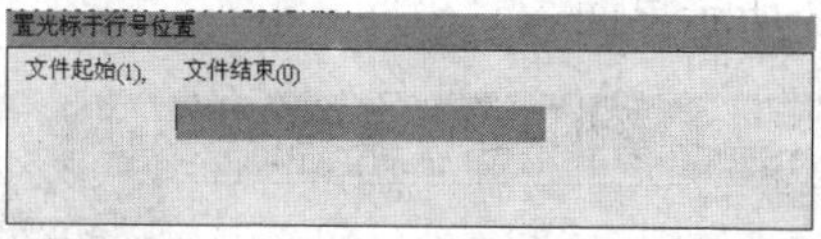

附录图 49　行号搜索

3）按“确认”后的若找到了要搜索的字符串或行号，将光标停到此字符串的前面或对应行的行首。

搜索文本时，若搜索不到，主界面无变化，在底部显示“未搜索到字符串”。搜索行号时，若搜索不到，光标停到程序尾。

程序段搜索：使用程序段搜索功能查找所需要的零件程序中的指定行，且从此行开始执行程序。

1）按下控制面板上的自动方式键切换到如附录图 50 所示的自动加工主界面

2）按软键“程序段搜索”切换到如附录图 51 所示的程序段搜索窗口，若不满足前置条件，此软键按下无效。

3）按软键“搜索断点”，光标移动到上次执行程序中止时的行上。

按软键“搜索”，可从当前光标位置开始搜索或从程序头开始，输入数据后，确认，则跳到搜索到的位置。

4）按“启动搜索”软键，界面回到自动加工主界面下，并把搜索到的行设置为运行行。

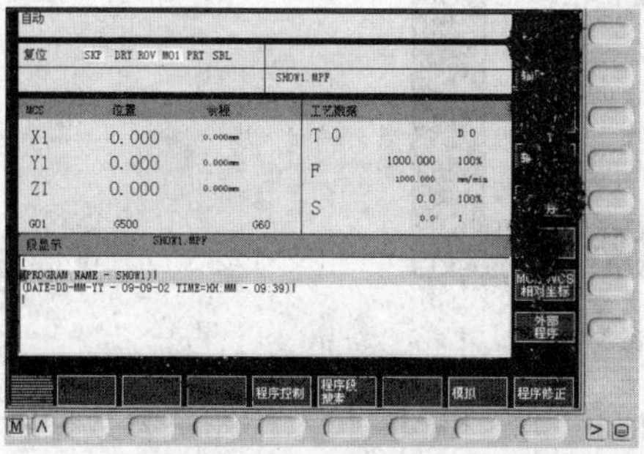

附录图 50　自动加工界面

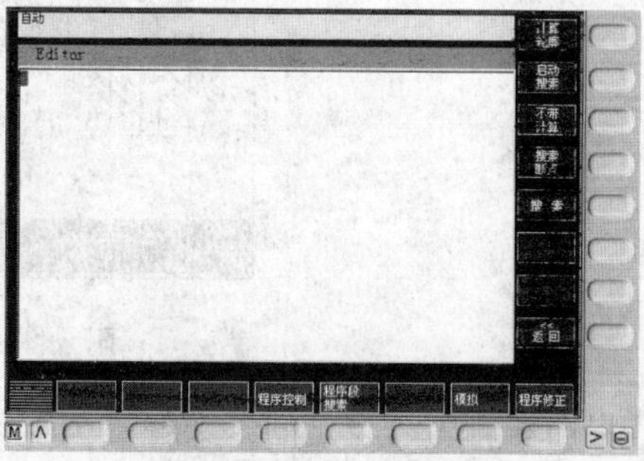

附录图 51　程序搜索窗口

使用“计算轮廓”可使机床返回到中断点，并返回到自动加工主界面，

注：若已使用过一次“启动搜索”，则按“启动搜索”时，会弹出对话框，警告不能启动搜索，需按 RESET 键后才可再次使用“启动搜索”。

插入固定循环：

单击Prog Man进入程序管理面版如附录图 52 所示。

注：界面右侧为可设定的参数栏，单击键盘上的方位，按下打开软键，进入如附录图 53 所示界面。

附录图 52　程序管理界面

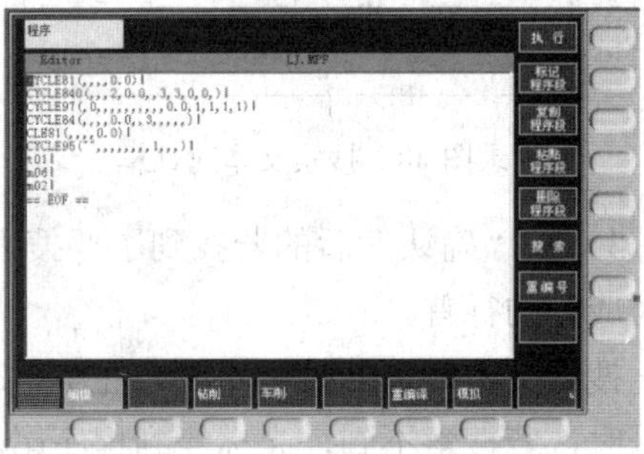

附录图 53　打开程序（钻削）

在程序界面中可看到钻削与铣削软键，按下钻削进入如附录图 54 所示的钻削程序；在此界面中我们可以看到铰孔、镗孔、钻削带停顿等，不同程序类型对应的软键，若想调用某类型的程序则点击相应的软键，即可进入相应的固定循环程序参数设置界面界面，输入参数后，按下确认软键确认，即可调用该程序。例如，若调用钻中心孔程序，按下铰孔软键进入如附录图 52 所示界面，在此界面的左上角，可看到为实现钻中心孔操作，系统自动调用的程序的名称为“CYCLE85”

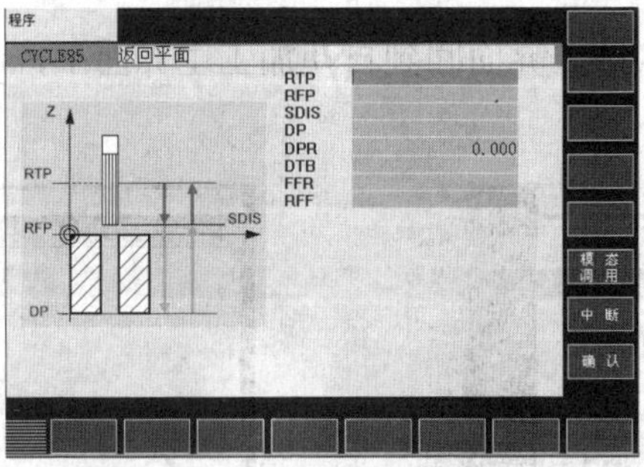

附录图 54　钻削参数表

界面右侧为可设定的参数栏，按下键盘上的方位键↑和↓，使光标在各参数栏中移动，输入参数后，按下确认软键确认，即可调用该程序。

检查运行轨迹：通过线框图模拟出刀具的运行轨迹。当前为自动运行方式且以经选

择了待加工的程序。

1）按键，在自动模式主界面下，按软键“模拟”或在程序编辑主界面下按“模拟”软键，系统进入如附录图 55 所示。

2）按数控启动键开始模拟执行程序。执行后，则可看到加工的轨迹并可以通过工具栏上的来调整观看的角度及画面的大小，结果如附录图 56 所示。

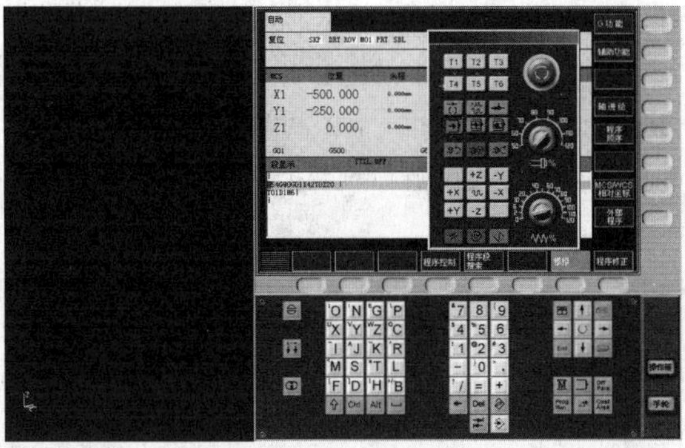

附录图 55　刀路模拟界面

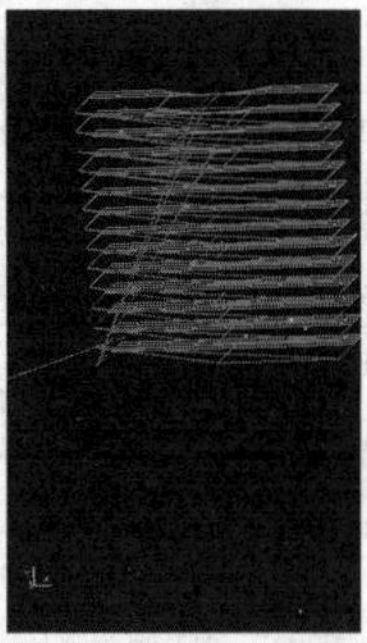

附录图 56　刀路模拟结果

主要参考文献

上海宇龙软件有限公司．2005．数控加工仿真系统使用手册

沈建峰，黄俊刚．2007．数控铣床/加工中心技能鉴定考点分析和试题集萃．北京：化学工业出版社

中华人民共和国劳动和社会保障部．2000．数控机床编程与操作（数控铣床加工中心分册）．北京：中国劳动社会保障出版社

中华人民共和国劳动和社会保障部．2005．国家职业标准：数控铣工/加工中心操作工．北京：中国劳动社会保障出版社

中华人民共和国劳动和社会保障部中国就业培训技术指导中心．2000．数控铣床/加工中心操作工：基础知识 中/高级技能．北京：中国劳动社会保障出版社